MikroComputer-Praxis

Die Teubner Buch- und Diskettenreihe für
Schule, Ausbildung, Beruf, Freizeit, Hobby

Fortsetzung auf der 3. Umschlagseite

MikroComputer-Praxis

Herausgegeben von
Dr. L. H. Klingen, Bonn, Prof. Dr. K. Menzel, Schwäbisch Gmünd
und Prof. Dr. W. Stucky, Karlsruhe

Problemlösen und Programmieren mit LOGO

Ausgewählte Beispiele aus Mathematik und Informatik

Von Heinz Ulrich Hoppe, Stuttgart
und Prof. Herbert Löthe, Ludwigsburg

B. G. Teubner Stuttgart 1984

CIP-Kurztitelaufnahme der Deutschen Bibliothek

Hoppe, Heinz Ulrich:
Problemlösen und Programmieren mit LOGO :
ausgew. Beispiele aus Mathematik u. Informatik
von Heinz Ulrich Hoppe u. Herbert Löthe. –
Stuttgart : Teubner, 1984.
(MikroComputer-Praxis)

ISBN 978-3-519-02522-1 ISBN 978-3-322-92745-3 (eBook)
DOI 10.1007/978-3-322-92745-3

NE: Löthe, Herbert:

Gesamtherstellung: Beltz Offsetdruck, Hemsbach/Bergstraße
Umschlaggestaltung: W. Koch, Sindelfingen

Vorwort

Die Programmiersprache Logo kann auf eine vergleichsweise lange Tradition zurückblicken. Seit ihrer Definition durch Seymour Papert in den Jahren 1967 und 1968 wurde sie in verschiedenen Versionen auf diversen Rechnern implementiert. Inzwischen stehen auch leistungsfähige Logo-Systeme für viele Micro- und Personal-Computer zur Verfügung. Damit verbunden hat sich der Kreis der Logo-Benutzer in den letzten Jahren erheblich ausgeweitet.
Logo ist vor allem eine Sprache für "Lernende". Mögen es nun auf der einen Seite des Spektrums Kinder sein, die ihre ersten Versuche auf dem Rechner machen (vgl. Papert 1980) oder am anderen Ende Studenten, die Beispiele aus dem Gebiet der künstlichen Intelligenz damit modellhaft realisieren (vgl. Bundy 1980). Letzteres ist möglich, da Logo wie seine "Mutter" LISP gut für symbolische Probleme geeignet, jedoch im Vergleich zu LISP freundlicher gestaltet ist.
Dieses Buch will die besondere Eignung von Logo gerade auch für nicht-numerische Anwendungen in Mathematik und Informatik aufzeigen. Es wendet sich damit an interessierte (Noch-)Nicht-Spezialisten wie etwa Lehrer, Studenten verschiedener Fachrichtungen oder Schüler der Sekundarstufe II.
Beide Verfasser arbeiten selbst auf dem Gebiet der Didaktik der Mathematik und hoffen auf diese Weise einen Beitrag dazu zu leisten, das Spektrum der Computeranwendung in Mathematik über die reine Numerik hinaus zu erweitern und auch Perspektiven für einen Informatikunterricht aufzuzeigen, der über die üblichen Basic-Aktivitäten hinausweist.
Vom Ansatz her bietet dieses Buch keine systematische Einführung in das Programmieren mit Logo. Der Leser oder besser "Benutzer" unseres Buches sollte schon Grundkenntnisse in Logo mitbringen (z.B. aus Abelson 1983) oder aber durch die Arbeit mit anderen höheren Programmiersprachen wie z.B. Pascal mit dem Prozedurkonzept und nicht zuletzt der Rekursion als Kontrollstruktur einigermaßen vertraut sein. Die einzelnen Abschnitte bieten vielfältiges Anschauungsmaterial vor allem im Hinblick auf die Nutzung des Listenbegriffs und der Rekursion. Sie sind auch immer so angeordnet, daß sie von einfacheren zu komplexeren Gedankengängen

führen.
Am Beginn des Buches steht ein Kapitel mit geometrischen und physikalischen Amwendungen der Igelgrafik, die auch einen anschaulichen Vorstellungsrahmen für die Einführung von immer wieder benötigten Grundbegriffen der Sprache abgeben.
Die Kapitel zwei und drei enthalten eine Einführung in den Listenbegriff mit Anwendungen auf Mengenoperationen, Felder, Sortierverfahren und kombinatorische Probleme.
Im vierten und fünften Kapitel werden exemplarisch und notwendigerweise ausschnitthaft Probleme der grammatischen Synthese und Analyse sowie mathematische Beispiele zur Symbolverarbeitung behandelt.
Das sechste Kapitel ist verschiedenen Strategien des Suchens in Baumstrukturen bei der Lösung einfacher Probleme und Knobelaufgaben gewidmet.
In Kapitel sieben werden Grundelemente anderer Programmiersprachen als Spracherweiterungen in Logo simuliert. Der Leser erhält so einen konkreten Zugang zu aktuellen Tendenzen in der Programmiersprachendiskussion.
Schließlich werden im achten Kapitel alle verwendeten Grundwörter und Abkürzungen in deutsch und englisch aufgeführt und eingehend kommentiert. Diese Zusammenstellung beschreibt zugleich unter Auslassung aller Systembefehle ein Kern-Logo, das praktisch in allen Versionen vorhanden ist. Die Unterschiede und Defizite der wichtigsten Versionen werden vermerkt und gegebenenfalls Abhilfe angegeben.
Das vorliegende Buch entstand aus der gemeinsamen Arbeit der Verfasser im Logo-Projekt an der Pädagogischen Hochschule Esslingen. Heinz Ulrich Hoppe ist für die Abschnitte 3.2, Kapitel 4 und 6 sowie Abschnitt 7.3, Herbert Löthe für die Kapitel 1 und 2, Abschnitt 3.1, Kapitel 5 sowie die Abschnitte 7.1 und 7.2 verantwortlich.
Wir danken Herrn Werner Quehl und den übrigen Kollegen des Fachs Mathematik für die anregenden Diskussionen.

Esslingen, Juli 1984 H.U. Hoppe, H. Löthe

Inhalt

Einleitung

Hinweise zur Arbeit mit diesem Buch

Programmieren in Logo folgt dem Paradigma der Spracherweiterung, d.h. durch die Definition von Prozeduren werden neue Sprachelemente auf schon vorhandene zurückgeführt. Eine Prozedur kann unabhängig von einem Oberprogramm oder irgendwelchen zusätzlichen Deklarationen genau wie ein Logo-Grundwort aufgerufen werden. Die Verwendung von noch nicht definierten Sprachelementen im Prozedurtext führt ebenso wie syntaktische Fehler auf entsprechende Rückmeldungen. Da Logo eine interpretierende Sprache ist, entstehen Fehlermeldungen erst beim Prozedurlauf. Die Fehlerbehandlung hat beim Sprachdesign von Logo eine wichtige Rolle gespielt; die Erkennung und Korrektur von Fehlern soll soweit als möglich erleichtert werden, um so das Lernen aus eigenen Fehlern zu unterstützen. Deshalb sind Logo-Fehlermeldungen semantisch ausdrucksstark und gezielt, wie das folgende Beispiel einer fehlerhaft formulierten Prozedur (VIELQUADRAT) verdeutlicht:

```
PR VIELQUADRAT :N
 WENN :N DANN RÜCKKEHR
 QUADRAT :N*10
 VIELQUADRAT :N-1
ENDE
? VIELQUADRAT 5
WENN mag 5 nicht als Eingabe, sondern WAHR oder FALSCH,
in Zeile
  WENN :N DANN RÜCKKEHR
in Aufruf-Ebene 1 von VIELQUADRAT.
```

Die Fehlerbehandlung in Logo spiegelt auch das Prinzip wieder, die Interaktion mit dem Rechner am Dialog in natürlicher Sprache zu orientieren. Logo ist zwar kein System, das natürlichsprachliche Eingaben "versteht", aber der Dialog zwischen dem Rechner und dem Benutzer ist so gestaltet, daß Ein- und Ausgaben nicht als "Geheimcode" erscheinen, sondern auf natürliche Weise verständlich sind. Aus dieser Sicht war es notwendig, für den deutschsprachigen Anwender eine Logo-Version mit deutschen Grundwörtern bereitzustellen (IWT 1983).
Typisch für die Arbeit mit Logo ist ein stark problemorientiertes Vorgehen, bei dem Problemlösung und Programm in enger Wechsel-

wirkung miteinander erstellt und weiterentwickelt werden. Da ein Logo-Programm in der Regel aus verschiedenen autonomen Prozedurbausteinen besteht, bildet es einen problemspezifischen Sprachkontext als Erweiterung des vorgegebenen Grundwortschatzes. Wir sprechen in diesem Zusammenhang von einer "Programmumgebung", oder falls die Anwendungsmöglichkeiten besonders reichhaltig sind, von einer "Mikrowelt" (Lawler 1984). Alle im folgenden dargestellten Prozedurbeispiele sind Teil solcher problemspezifischen Programmumgebungen oder Mikrowelten.
Einmal eingeführte Spracherweiterungen stellen ein Instrumentarium dar, das an späterer Stelle zur Lösung neuer Probleme eingesetzt werden kann. Beispielsweise werden einige der in Abschnitt 2.2 definierten Operationen auf Feldern in 6.3.2 wieder verwendet, um die Züge bei der dort behandelten "Schiebequadrat"-Aufgabe (8er-Puzzle) darzustellen. Auch der zur Lösung dieser Aufgabe angewandte Suchalgorithmus wurde bereits vorher entwickelt. Rein programmiertechnisch wird man in solchen Fällen zunächst die Programmumgebungen mit den benötigten Sprachelementen in den Arbeitsspeicher laden, ggf. überflüssige Prozeduren löschen und schließlich die problemspezifischen Ergänzungen und Veränderungen anbringen. Aus Gründen der Übersichtlichkeit sollte man darauf achten, daß eine Programmumgebung nur Spracherweiterungen enthält, die in einen gemeinsamen Problemkontext gehören.
Neben den erwähnten interaktiven Systemeigenschaften von Logo verdienen vor allem zwei Elemente des Sprachkonzepts Beachtung: die Rekursion als Kontrollstruktur sowie die Möglichkeit, Daten in Listenform zu strukturieren. Beide sind ein Erbe der "Muttersprache" LISP und von herausragender Bedeutung, wenn es um "intelligentere" Anwendungen von Logo geht. Listen sind als rekursiver Datentyp besonders gut geeignet baumartige, verschachtelte Strukturen darzustellen. Dies zeigt sich wohl am deutlichsten beim symbolischen Differenzieren in Abschnitt 5.2.
Die Bevorzugung der Rekursion liegt darin begründet, daß sie als Problemlösemethode wesentlich weiter trägt und "kognitiv effizienter" ist als das der Iteration entsprechende Denken in sequentiellen Abläufen. Dies gilt allerdings nur für eine gewissermaßen statische Vorstellung von der Rekursion, durch die ein Problem auf Teilprobleme mit gleicher Struktur, aber geringerer

Komplexität zurückgeführt wird (vgl. Hoppe, 1984, in Vorb.). Nach unseren Erfahrungen erfordert diese Form des rekursiven Denkens mehr noch als das rein analytische Verständnis für die Richtigkeit rekursiv geschriebener Prozeduren ein gehöriges Maß an Übung. Erst dadurch wird es möglich, häufig auftretende Programmstrukturen, wie das Durchgehen einer Liste, das in-die-"Tiefe"-Steigen bei verschachtelten Listen usw. in komplexeren Zusammenhängen zu erkennen und auch zu formulieren. Um diese Übung zu erlangen, sollte der Leser vor allem die Prozeduren im 2. Abschnitt in der gegebenen Reihenfolge gründlich durcharbeiten. Die rekursive Denkweise ist ein mächtiges Hilfsmittel beim Programmieren, welches zu klaren und eleganten Darstellungen führt. Die Fähigkeit, hiervon produktiven Gebrauch zu machen, erwächst erfahrungsgemäß aber nicht allein aus dem Nachvollzug einiger noch so guter Musterbeispiele, sondern vor allem aus der selbständigen Übertragung auf weitere Probleme. Wir weisen im Text häufig auf solche "Parallelprozeduren" hin, die strukturell gleich sind und nur noch gewisse problemspezifische Unterschiede aufweisen. Bei fortschreitender Übung mit solchen Analogieen wird man im Programmieren schließlich sogar einen gewissen Automatismus feststellen können.

Zum Schluß noch einige Bemerkungen zur Gestaltung des Textes und zur Formulierung der Prozeduren:

- Prozeduren sind gegenüber dem laufenden Text eingerückt und ausschließlich mit Großbuchstaben geschrieben.
- Gewisse häufig verwendete Grundwörter wie

  RÜCKGABE (RG)
  WENNWAHR (WW) / WENNFALSCH (WF)
  ELEMENT (EL) / ELEMENT? (EL?)
  ERSTES (ER) / LETZTES (LZ)
  MITERSTEM (ME) / MITLETZTEM (ML)
  OHNEERSTES (OE) / OHNELETZTES (OL)

  werden aus Gründen der Übersichtlichkeit bei komplexeren Prozeduren in ihrer Kurzform wiedergegeben.
- Im Prozedurtext werden häufig längere Logozeilen über mehrere Druckzeilen verteilt. Punkte verbinden die Druckzeilen, die logisch eine einzige Programmzeile bilden. Dadurch entstehen optische Strukturierungsmöglichkeiten, die in gängigen Logo-Editoren nur unzureichend verwirklicht sind, z.B.

```
PR ABS :X
 WENN :X < 0 DANN RÜCKGABE (-:X) ...
         ... SONST RÜCKGABE :X
ENDE
```

- Ein vorgestelltes Fragezeichen dient zur Kennzeichnung von Eingaben auf der Kommandoebene, insbesondere bei Laufbeispielen und der Setzung globaler Variablen.

```
? SETZE "PI 3.1416
? :PI
ERGEBNIS: 3.1416
```

Der Leser erwartet von einem Buch wie diesem mit Recht vollständige und funktionsfähige Programme. Wir möchten allerdings dazu anregen, unsere Beispiele nicht einfach als abgeschlossene Fertigprodukte anzusehen, sondern sie im Sinne der Verallgemeinerung, Spezialisierung oder Variation zu verändern und zu ergänzen. Verschiedentlich werden wir auf solche Möglichkeiten ausdrücklich hinweisen.

1 Computergrafik

Mit der Sprache Logo sind seit dem Beginn ihrer Entwicklung eine Reihe von Sprachelementen zur Benutzung der Computergrafik verbunden: die sogenannte Igelgrafik (engl. turtle grafics). Es handelt sich dabei um die Zusammenfassung von verschiedenen Grafikfunktionen zu geometrischen Operationen, die aus einer Bewegungsvorstellung heraus sofort anschaulich verständlich werden. Man kann sich vorstellen, daß ein Zeichenroboter, der Igel, durch Befehle wie

```
VORWÄRTS ...      gehe vorwärts um ... Schritte,
RECHTS ...        drehe dich nach rechts um ... Grad,
STIFTAB           senke deinen Zeichenstift ab,
STIFTHOCH         ziehe deinen Zeichenstift hoch,
```

eine Zeichnung auf dem Bildschirm erzeugt; entsprechend gibt es die Befehle RÜCKWÄRTS und LINKS.

Erfahrungsgemäß ist die Igelgrafik für Anfänger und nicht-professionelle Benutzer, insbesondere für Kinder, weit besser zur Erschließung der grafischen Möglichkeiten des Computers geeignet als eine Ansteuerung des Bildschirms durch Koordinaten. Darüberhinaus hat sich gezeigt, daß Probleme aus der Igelgrafik gut geeignetes "Spielmaterial" darstellen, um Anfänger in die Systembedienung und Programmiertechniken einzuführen.

Obwohl im folgenden keine lückenlose Einführung oder Anleitung zum Programmieren in Logo gegeben werden soll, sind die Beispiele in 1.1 und 1.2 so ausgewählt, daß verschiedene Programmiertechniken daran aufgezeigt werden können. In 1.3 wird die geometrische Fundierung der Igelbefehle gegeben, 1.4 stellt eine Erweiterung dieser Geometrie auf Probleme der Kinematik und Dynamik dar.

1.1 Elementare Igelgrafik

Jeder Befehl an den Igel, z.B.

```
VORWÄRTS 50
```

wird sofort ausgeführt. Wenn wir im folgenden die Direktausführung eines Befehls auf dem Rechner meinen, so werden wir die Zeile mit dem Bereitzeichen "?" einleiten:

```
? VORWÄRTS 50
```

Zu Beginn hat der Igel seinen Zeichenstift abgesenkt, sodaß ein

Strich von 50 Einheiten Länge auf dem Bildschirm erscheint. Die Befehlsfolge

```
?   VORWÄRTS 50 RECHTS 90 ...
... VORWÄRTS 50 RECHTS 90 ...
... VORWÄRTS 50 RECHTS 90 ...
... VORWÄRTS 50 RECHTS 90
```

erzeugt ein Quadrat der Seitenlänge 50. Die Punkte gehören nicht zur Eingabe; sie deuten an, daß diese vier Druckzeilen für den Rechner logisch eine Eingabezeile bilden müssen.
Man kann die obige Befehlsfolge offensichtlich auch als viermalige Wiederholung formulieren:

```
? WIEDERHOLE 4 [VORWÄRTS 50 RECHTS 90]
```

Benötigt man dieses Quadrat noch bei der weiteren Arbeit, so wird man es mit dem Igel als neue Vokabel vereinbaren. Auf den Befehl LERNE oder PR hin schaltet der Rechner in den Editor, und man kann durch die Eingabe von

```
PR QUADRAT
 WIEDERHOLE 4 [VORWÄRTS 50 RECHTS 90]
ENDE
```

eine Prozedur QUADRAT definieren.
Eine Verallgemeinerung auf beliebige Seitenlänge ist sehr naheliegend:

```
PR QUADRAT :SEITE
 WIEDERHOLE 4 [VORWÄRTS :SEITE RECHTS 90]
ENDE
```

Ebenso die Erweiterung auf beliebige regelmäßige Vielecke:

```
PR VIELECK :SEITE :WINKEL
 WIEDERHOLE ? [VORWÄRTS :SEITE RECHTS :WINKEL]
ENDE
```

Das Fragezeichen deutet an, daß wir ein regelmäßiges Vieleck erst dann akzeptieren, wenn es geschlossen ist, d.h. wenn der Vielecksschritt genügend oft wiederholt wurde. Dies kann man z.B. dadurch erreichen, daß man das Ende der Wiederholung offen läßt:

```
PR VIELECK :SEITE :WINKEL
 VORWÄRTS :SEITE RECHTS :WINKEL
 VIELECK :SEITE :WINKEL
ENDE
```

Der prinzipiell unendlich lange Lauf der Prozedur wird vom Benutzer nach Augenschein abgebrochen.
Man kann sich jedoch auch eine Abbruchbedingung formulieren, die darauf beruht, daß ein regelmäßiges Vieleck genau dann geschlossen ist, wenn der Gesamtdrehwinkel GW des Igels (zu Beginn 0) ein Vielfaches von 360° erreicht hat:

```
PR VIELECK.GW :SEITE :WINKEL :GW
 VORWÄRTS :SEITE RECHTS :WINKEL
 SETZE "GW :GW + :WINKEL
 WENN (REST :GW 360) = 0 DANN RÜCKKEHR
 VIELECK.GW :SEITE :WINKEL :GW
ENDE
```

Die Vielecksprozedur hat danach nur noch die Aufgabe, zu Beginn GW auf 0 zu setzen:

```
PR VIELECK :SEITE :WINKEL
 VIELECK.GW :SEITE :WINKEL 0
ENDE
```

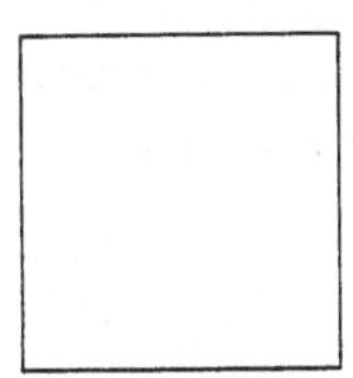

VIELECK 50 90

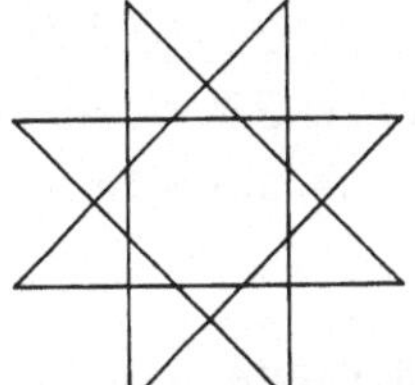

VIELECK 60 135

VIELECK 60 144

VIELECK 60 160

Die Prozedur VIELECK ruft also VIELECK.GW auf. VIELECK.GW ruft sich solange selbst auf bis die Abbruchbedingung erfüllt ist (rekursive Aufrufe). Bei RÜCKKEHR oder beim Erreichen von ENDE einer Prozedur wird zu der diese Prozedur rufenden Prozedur (oder gegebenenfalls zur Befehlsebene) zurückgekehrt.

Mit den bisher angesprochenen Techniken des Programmierens, dem Modularisierens in Prozeduren, dem Modifizieren von Bausteinen durch Variablen und der einfachen Rekursion am Ende der Prozedur (endständige Rekursion, tail recursion) kann man ein weites Feld von grafischen Problemen angehen (Abelson-diSessa 1981, Abelson 1983, Watt 1983). Wir wollen diesen Bereich, der sowohl geometrisch als auch informatisch interessante und lehrreiche Beispiele enthält, hier nicht weiter behandeln.

Als Vorbereitung auf die folgenden Abschnitte, in denen Anwendungen der Rekursion dargestellt werden, soll die Prozedur VIELECK noch zu einer Spirale verallgemeinert werden. Die Abbruchbedingung besteht darin, daß die Seite einen Wert von 100 nicht überschreiten darf:

```
PR SPIRALE :SEITE :WINKEL :ZUWACHS
 WENN :SEITE > 100 DANN RÜCKKEHR
 VORWÄRTS :SEITE RECHTS :WINKEL
 SPIRALE (:SEITE + :ZUWACHS) :WINKEL :ZUWACHS
ENDE
```

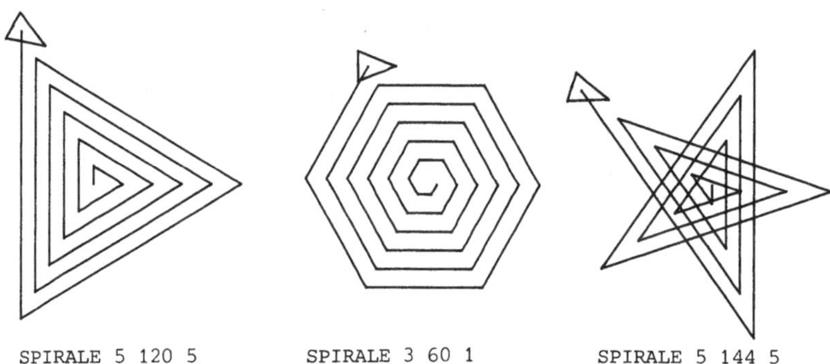

SPIRALE 5 120 5   SPIRALE 3 60 1   SPIRALE 5 144 5

Für das Studium der rekursiven Ausführung zweier Versionen dieser Prozedur spezialisieren wir auf eine Spirale mit rechten Winkeln und einen festen Zuwachs 5 :

```
PR SPIRALE1 :SEITE
 WENN :SEITE > 100 DANN RÜCKKEHR
 VORWÄRTS :SEITE RECHTS 90
 SPIRALE1 (:SEITE + 5)
ENDE

PR SPIRALE2 :SEITE
 WENN :SEITE > 100 DANN RÜCKKEHR
 SPIRALE2 (:SEITE + 5)
 VORWÄRTS :SEITE RECHTS 90
ENDE
```

Der Unterschied der beiden Prozeduren besteht darin, daß der Vielecksschritt im ersten Fall vor dem rekursiven Aufruf, im zweiten Fall danach eingefügt ist. Die Auswirkung dieser Umstellung auf die Ausführung der Prozeduren bedeutet, daß im ersten Fall die Spirale von innen nach außen und im zweiten Fall von außen nach innen durchlaufen wird (gezeichnet ist jeweils die Endstellung des Igels):

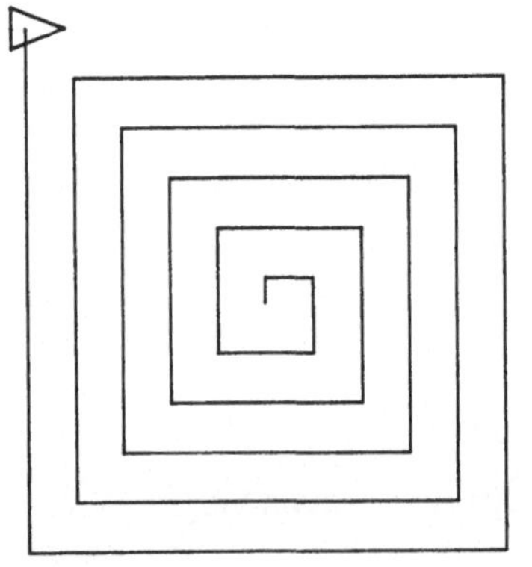

SPIRALE1 5

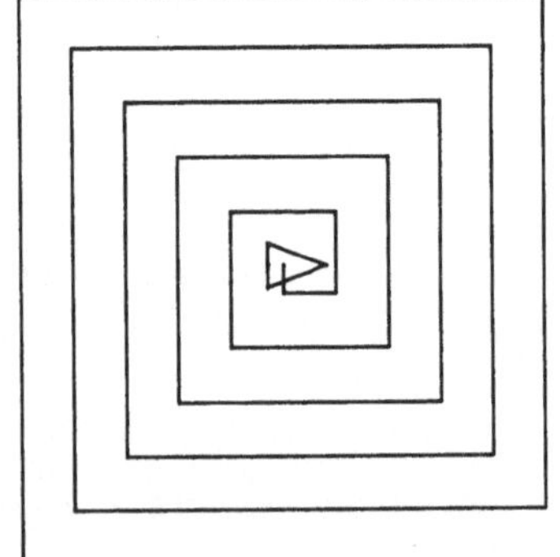

SPIRALE2 5

Die Erklärung dieses Unterschieds durch Nachvollziehen der rekursiven Aufrufe - wie man sie sich z.B. durch das Ablaufprotokoll des Logo-Systems vorspielen lassen kann - ist sehr lehrreich zum Verständnis der Rekursion. Daß beide Versionen der Prozedur die gewünschte Spirale darstellen, zeigt folgende mehr statische Argumentation:
Die Spirale mit Startseite SEITE besteht in Version 1 aus dem Vielecksschritt mit SEITE und der Spirale mit der Startseite (SEITE + 5); diese Teilfiguren werden in dieser Reihenfolge gezeichnet.
In Version 2 gilt das gleiche, nur wird zuerst die Spirale mit der Startseite (SEITE + 5) gezeichnet und danach der Vielecksschritt mit SEITE gemacht.
Diese mehr statisch-strukturelle Vorstellung über den Aufbau einer Figur und der Wiedergabe dieses Aufbaus in einer Prozedur ist für das Entwickeln und Verifizieren von Prozeduren wichtig. Dynamische Ablaufvorstellungen werden dagegen eher bei der Fehlersuche benötigt.

1.2 Rekursive Muster

Die folgenden Figuren haben gemeinsam, daß sie nur rekursiv in adäquater Weise beschrieben werden können. Es sind dies eine Reihe von rekursiv definierten Kurvenfolgen, deren Grenzkurven zum gängigen Beispielrepertoire der Mathematik gehören. Am Beginn soll als relativ einfaches Beispiel ein binär verzweigter Baum stehen.

Binärbaum

Der nebenstehende Baum hat folgenden Aufbau:

- Er besteht aus einem Stamm der Länge S,
- sowie aus zwei Teilbäumen, die senkrecht aufeinander stehen und symmetrisch zum Stamm angeordnet sind.
- Wenn man sich die Verästelung unendlich fein vorstellt, dann hat jeder Teilbaum denselben

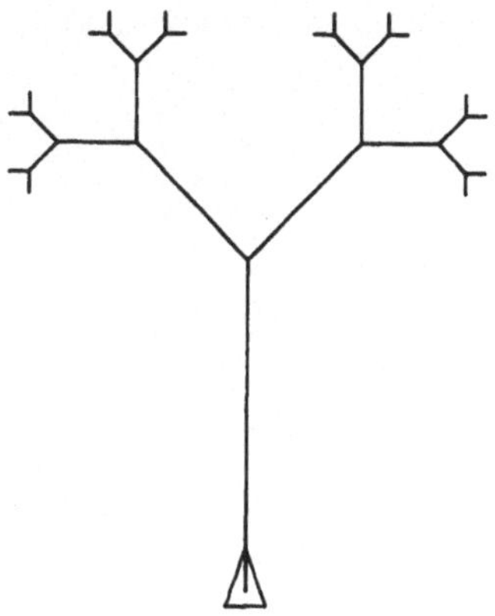

Aufbau wie der Gesamtbaum, jedoch mit der Stammlänge S/2; jeder Teilbaum ist also ähnlich zum Gesamtbaum.

Nach dieser Gestaltsanalyse ist der Igelweg zum Zeichnen des Baumes festgelegt:

```
PR BAUM :S
 WENN :S < 4 DANN RÜCKKEHR
 VORWÄRTS :S
 LINKS 45
 BAUM :S/2
 RECHTS 90
 BAUM :S/2
 LINKS 45
 RÜCKWÄRTS :S
ENDE
```

Durch den Befehl

```
? BAUM 64
```

wird etwa der oben gezeichnete Baum erzeugt, dabei wurde der Igel in der Anfangs- und Endstellung gezeichnet, die identisch sind. Es ist wesentlich, daß beim Zeichnen alle Bewegungen auch rückgängig gemacht werden, damit die rekursiven Aufrufe den Igel in einem definierten Zustand übernehmen können. Man beachte auch, wie sich die Symmetrie der Figur in der Prozedur wiederfindet. Die Abbruchbedingung ist rein pragmatisch im Hinblick auf die Auflösung des Bildschirms festgelegt.

Peanokurve

Als Beispiel für eine stetige Abbildung eines Intervalls der reellen Zahlen auf ein Flächenstück der Ebene wird eine Dreiecksschachtelung konstruiert, deren Grenzgebilde als "Peanokurve" bezeichnet wird. Sie ist ein Beispiel dafür, daß eine stetige Abbildung nicht die Dimension erhalten muß (z.B. v.Mangoldt-Knopp 1958,II,S.406ff).

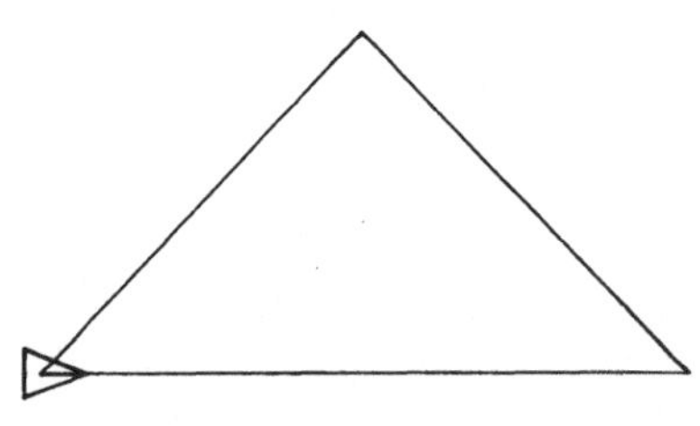

Wir beginnen mit einen rechtwinklig-gleichschenkligen Dreieck der Kathetenlänge S als Startdreieck der Schachtelung:

```
PR PEANO :S
 VORWÄRTS :S * QW 2
 LINKS 135
 VORWÄRTS :S
 LINKS 90
 VORWÄRTS :S
 LINKS 135
ENDE
```

Nun müssen zwei Dreiecksschachtelungen eingefügt werden, deren Startdreieck als Kathetenlänge die halbe Hypotenusenlänge des alten Dreiecks hat:

```
        PEANO :S/2 * QW 2
```

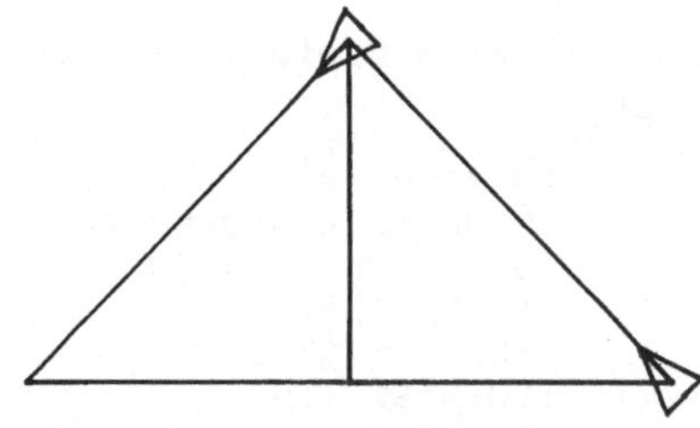

Die geometrische Gestalt der kleinen Dreiecke (einschließlich der Igellage darin) muß ähnlich zu der des umfassenden Dreiecks sein. Dies ist genau bei den beiden eingezeichneten Igelstellungen der Fall. Damit liegen also die Stellen fest, wo die rekursiven Aufrufe in die Prozedur eingefügt werden müssen:

```
PR PEANO :S
 WENN :S < 8 DANN RÜCKKEHR
 VORWÄRTS :S * QW 2
 LINKS 135
 PEANO :S/2 * QW 2
 VORWÄRTS :S
 LINKS 90
 PEANO :S/2 * QW 2
 VORWÄRTS :S
 LINKS 135
ENDE
? PEANO 80
```

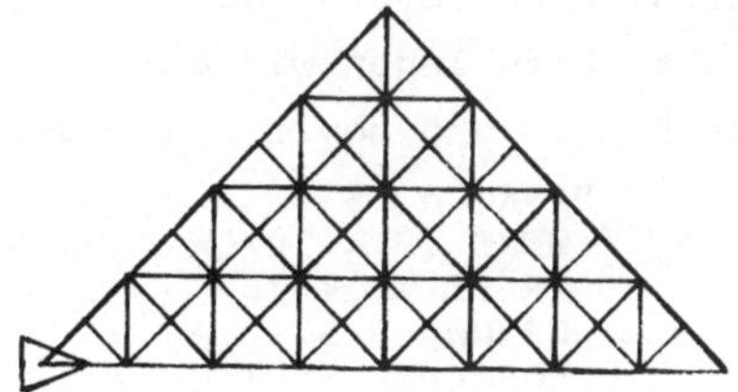

v.Kochsche Kurve

Als Beispiel eines Jordankurvenstücks, das in keinem Punkt eine Tangente besitzt, dient die v.Kochsche Kurve (z.B. v.Mangoldt-Knopp 1958,II,S.412). Sie ist die Grenzkurve einer Folge von Dreieckskonfigurationen. Man beginnt mit einem gleichschenkligen Dreieck, das den Basiswinkel 30° und die Basis S hat.

Die nächste Konfiguration entsteht durch Drittelung der Basis eines Dreiecks und anschließendem Löschen der mitteleren Linie. Die in der nebenstehenden Figur gezeichneten Dreiecke sind bei der vermerkten Igelstellung ähnlich zum Ausgangsdreieck.

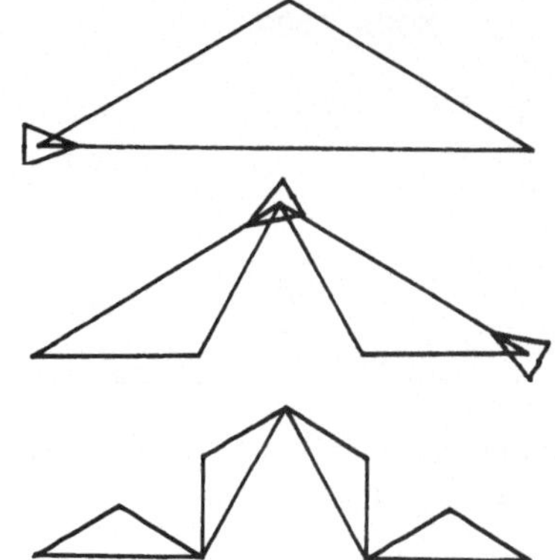

Wir schreiben die Prozedur KOCH zuerst analog zu PEANO, indem wir die kleineren Dreiecke in die größeren hineinzeichnen (Schenkellänge S):

```
PR KOCH :S
 WENN :S < 8 DANN RÜCKKEHR
 VORWÄRTS :S * QW 3
 LINKS 150
 KOCH :S/QW 3
 VORWÄRTS :S
 LINKS 60
 KOCH :S/QW 3
 VORWÄRTS :S
 LINKS 150
ENDE
```

Die Lücke beim Zeichnen der Basisseite erreichen wir dadurch, daß alle Bewegungen vom Igel mit STIFTHOCH, also ohne zu zeichnen, durchlaufen werden. Nur für das letzte Mal wird der Stift abgesenkt. Dazu legen wir aus pragmatischen Gründen das letzte Dreieck für S < 10 und somit den Abbruch für S < 10/QW 3 fest:

```
PR KOCH :S
 WENN :S < 10/QW 3 DANN RÜCKKEHR
 PRÜFE :S < 10
 WENNWAHR STIFTAB
 VORWÄRTS :S * QW 3
 LINKS 150
 KOCH :S/QW 3
 VORWÄRTS :S
 LINKS 60
 KOCH :S/QW 3
 VORWÄRTS :S
 LINKS 150
 WENNWAHR STIFTHOCH
ENDE
```

Der Start des Programms muß - wie gesagt - mit hochgezogenem Stift erfolgen:

```
? STIFTHOCH
? KOCH 120
```

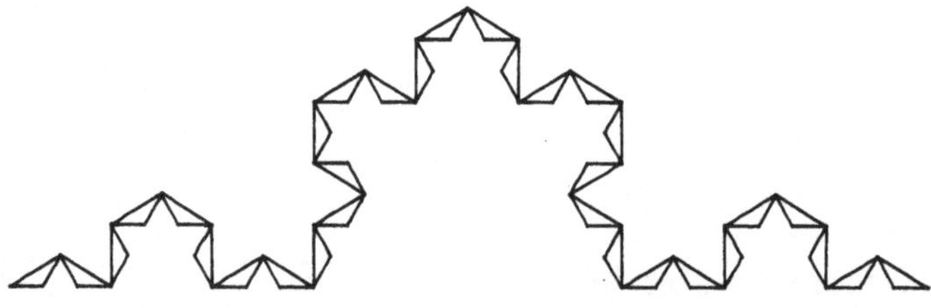

Weitere Kurven dieser Art und weitere Strategieen zur Erzeugung rekursiver Muster finden sich z.B. in Wirth 1975 und Abelson-diSessa 1981.

1.3 Natürliche Gleichung ebener Kurven

In vielen Zusammenhängen ist es sinnvoll, Kurven durch geeignete Streckenzüge zu approximieren. Es sind dann allerdings auch immer Fragen der Güte und des Gültigkeitsbereichs der Näherung zu bedenken. So wird man etwa einen Kreis für die Darstellung auf einem Bildschirm als regelmäßiges n-Eck nähern. Bereits ein 36-Eck erscheint bei vielen gängigen Rechnersystemen wegen der entsprechen geringen Bildauflösung als Kreis. Im Sinne dieser Genauigkeit der Approximation stellt also die folgende Figur einen Kreis dar:

```
PR KREIS
 WIEDERHOLE 36 [VORWÄRTS 10 RECHTS 10]
ENDE
```

Für einen Kreis mit Radius R ist 1/R ein Maß für die Krümmung und offenbar propertional zum Verhältnis aus Drehwinkel $\Delta\alpha$ und Vorwärtsschritt Δs. Wenn wir das Abbrechen der Zeichenbewegung offen lassen, ergibt sich mit $180/\pi = 57.3$:

```
PR KREIS :DS :R
 RECHTS :DS * 57.3/:R
 VORWÄRTS :DS
 KREIS :DS :R
ENDE
```

Bei jeder ebenen Kurve definiert man die Krümmung als Grenzwert des Quotienten aus Kontingenzwinkel $\Delta\alpha$ (Winkel zwischen benachbarten Tangenten) und den Zuwachs der Bogenlänge Δs zwischen P_1 und P_2 (z.B. Strubecker 1964,S.41):

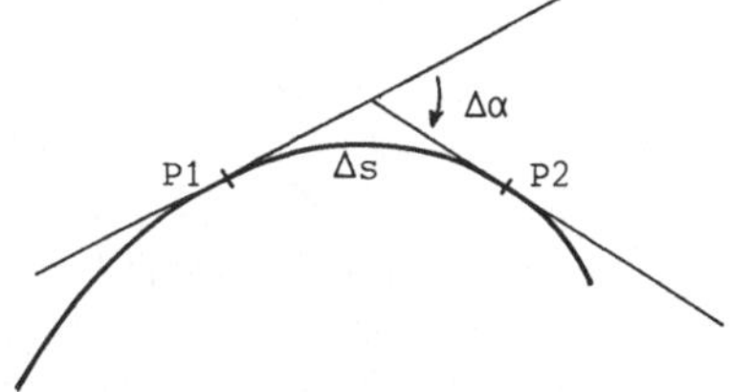

$$k = \frac{d\alpha}{ds} .$$

Offensichtlich kann man Streckenzüge, die aus VORWÄRTS :DS und RECHTS :DALPHA aufgebaut sind, als "differenzengeometrische" Approximation der zugehörigen ebenen Kurven betrachten. Die Igelgeometrie stellt also eine finite Konkretisierung dieser natürlichgeometrischen Begriffsbildungen dar.

Jede ebene Kurve, die gewisse Differenzierungsvoraussetzungen erfüllt, besitzt eine natürliche Gleichung, d.h. eine Funktion

$$k = k(s) ,$$

die jedem Kurvenpunkt (festgelegt durch die Bogenlänge s als natürliche Koordinate) einen Krümmungswert zuweist. Die natürliche Gleichung bestimmt die Kurve bis auf ihre Lage in der Ebene (z.B. Strubecker 1964,S.44). Dies bedeutet, daß wir in Verallgemeinerung der Kreisprozedur jede beliebige ebene Kurve aus ihrer natürlichen Gleichung durch die folgende Prozedur näherungsweise erhalten:

```
PR KURVE :DS :K :S
 RECHTS :DS * 57.3 * (TUE :K)
 VORWÄRTS :DS
 KURVE :DS :K (:S + :DS)
ENDE
```

Dabei evaluiert TUE den Funktionsterm K und gibt den ermittelten Wert zurück.

Kurven, die z.B. in Koordinatendarstellung relativ einfach beschrieben werden, können komplexe natürliche Gleichungen haben. Dies gilt z.B. für die Kegelschnitte, sofern sie nicht Kreise oder Geraden sind (vgl. z.B. Cesaro 1901).

Folgende Kurven haben besonders einfache natürliche Gleichungen:

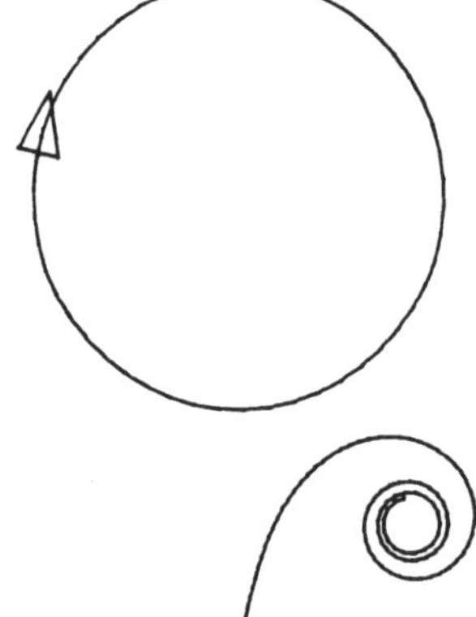

Kreis

$$k = \frac{1}{R} = \text{konstant}$$

? KURVE 5 [1/40] 0

Klothoide

$$k \sim s$$

? KURVE 2 [0.001*:S] (-200)

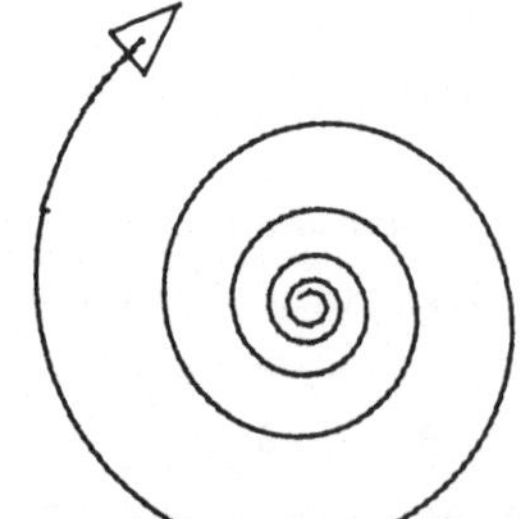

logarithmische Spirale

$$k \sim \frac{1}{s}$$

? KURVE 2 [10/:S] 20

1.4 Peilgeometrie

Mit dem Schlagwort "Peilgeometrie" soll eine Erweiterung der Igelvorstellung um folgende Elemente zusammengefaßt werden:

KURS	Abfrage der augenblicklichen absoluten Nasenrichtung des Igels,
AUFKURS ...	Ausrichten der Igelnase nach einer vorgegebenen absoluten Richtung,
ORT	Abfrage des augenblicklichen Igelorts,
AUF ...	Bewegung des Igels auf einen vorgegebenen Punkt,
PEILE ...	Abfrage der absoluten Richtung eines vorgegebenen Punktes vom Igelort aus gesehen ("Igel mit Richtungsmesser"),
ENTFERNUNG ...	Entfernung des Igels von einem vorgegebenen Punkt ("Igel mit Entfernungsmesser").

Diese Befehle sind für uns im folgenden Grundwörter von Logo; je nach System sind sie auch als solche realisiert oder können leicht definiert werden (vgl. 8.).

In dieser Vorstellung bedeutet z.B.

```
SETZE "STANGE ORT
```

daß der Igel eine Stange an seinem augenblicklichen Ort aufstellt, die er später mit

```
PEILE :STANGE
```

anpeilen, auf die er mit

```
AUFKURS PEILE :STANGE
```

seine Nase richten, und zu der er mit

```
AUF :STANGE
```

auch laufen kann.

1.4.1 Kegelschnitte

Am Beispiel von Kreis und Ellipse soll im folgenden das Zusammenspiel dieser Vorstellungen mit den geometrischen Eigenschaften der Kegelschnitte einerseits und Randbedingungen der Näherungsrechnungen andrerseits illustriert werden.

Unter Ausnutzung der Kreiseigenschaft, daß die Tangente jeweils senkrecht auf dem Radius steht, läßt sich eine Prozedur für einen Kreis mit vorgegebenem Mittelpunkt M angeben, der als Koordinatenpaar festgelegt wird:

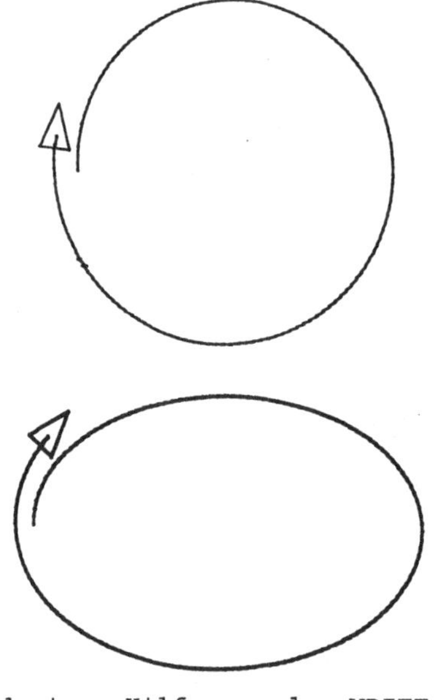

```
PR KREIS1 :DS :M
 AUFKURS (PEILE :M) - 90
 VORWÄRTS :DS
 KREIS1 :DS :M
ENDE
```

```
? KREIS1 2 [60 0]
```

Die Prozedur beinhaltet einen systematischen Fehler; der Igel wird - bei jeder Wahl von DS - sich immer weiter vom Mittelpunkt entfernen.

Die Verallgemeinerung dieser Prozedur für die Ellipse nutzt die Eigenschaft aus, daß die Tangente den Winkel zwischen den Brennstrahlen der Ellipse halbiert.

Mit den Bezeichnungen F1 und F2 für die Brennpunkte der Ellipse und einer Hilfsprozedur WDIFF, die die Differenz zweier Winkel so berechnet, daß das Ergebnis im Bereich von -180° und $+180^{\circ}$ liegt (vgl. 8.5), ergibt sich:

```
PR ELLIPSE :DS :F1 :F2
 AUFKURS (PEILE :F1) - 90 + (WDIFF (PEILE :F2)...
                          ... (PEILE :F1))/2
 VORWÄRTS :DS
 ELLIPSE :DS :F1 :F2
ENDE
```

```
? ELLIPSE 2 [10 0] [60 0]
```

Beide Prozeduren legen die Figuren durch Mittelpunkt bzw. Brennpunkte und die Ausgangsstellung des Igels fest. Es werden nur Winkeleigenschaften der Kurven ausgenutzt; der Igel benötigt also nur seinen Richtungsmesser bei der Bewegung.

Möchte man den systematischen Fehler unter Kontrolle halten, so muß man zusätzlich den Entfernungsmesser einsetzen:

```
PR KREIS2 :DS :R :M
 AUFKURS PEILE :M
 VORWÄRTS (ENTFERNUNG :M) - :R
 LINKS 90
 VORWÄRTS :DS
 KREIS2 :DS :R :M
ENDE
```

Diese Prozedur ist jedoch nur korrekt, wenn Anfangsstellung, Radius R und Mittelpunkt M aufeinander abgestimmt sind, was beim folgenden Aufruf beispielsweise der Fall ist:

```
? KREIS2 :DS (ENTFERNUNG :M) :M
```

Soll der Kreis durch Vorgabe der Anfangsstellung und des Radius bestimmt werden, so muß der Igel in einem Vorlauf den Mittelpunkt ermitteln:

```
PR KREIS3 :DS :R
 RECHTS 90 VORWÄRTS :R
 SETZE "M ORT
 RÜCKWÄRTS :R LINKS 90
 KREIS2 :DS :R :M
ENDE
```

1.4.2 Rollkurven

Als ein Beispiel für die Behandlung von Problemen der ebenen Kinematik mit der Igelvorstellung mögen einfache Rollkurven dienen. Man kann sie sich jeweils als Überlagerung verschiedener Bewegungen vorstellen.
Bei einer Zykloide wird beispielsweise eine gleichförmige geradlinige Bewegung und eine Kreisbewegung überlagert. Die geradlinige Bewegung in festen Zeitintervallen Δt ist beispielsweise

```
PR BEW1
 VORWÄRTS 3
 BEW1
ENDE
```

und die Kreisbewegung

```
PR BEW2
 RECHTS 12 VORWÄRTS 3
 BEW2
ENDE
```

Bezeichnen wir den Igelschritt im Zeitintervall Δt als "Bewegungselement", so kann man die obigen Bewegungen auch durch Eingabe verschiedener Elemente in eine Prozedur BEW beschreiben:

```
? BEW [VORWÄRTS 3]
? BEW [RECHTS 12 VORWÄRTS 3]
PR BEW :BEW.ELEMENT
 TUE :BEW.ELEMENT
 BEW :BEW.ELEMENT
ENDE
```

Bei der Überlagerung zweier Bewegungen, die jeweils durch ihre Bewegungselemente festgelegt werden, sind zusätzlich die entsprechenden Bewegungsrichtungen (Kurse) zu berücksichtigen

```
PR ÜBERLAGERE :BEW.EL1 KURS1 :BEW.EL2 :KURS2
 STIFTHOCH
 ÜBLBEW ORT
ENDE
```

```
PR ÜBLBEW :ANFANGSPUNKT
 AUFKURS :KURS1
 TUE :BEW.EL1
 SETZE "KURS1 KURS
 AUFKURS :KURS2
 TUE :BEW.EL2
 SETZE "KURS2 KURS
 SETZE "ENDPUNKT ORT
 AUF :ANFANGSPUNKT STIFTAB
 AUF :ENDPUNKT STIFTHOCH
 ÜBLBEW :ENDPUNKT
ENDE
```

Die ersten drei Zeilen von ÜBLBEW beschreiben die Bewegung gemäß der ersten Teilbewegung, die folgenden drei Zeilen das entsprechende für die zweite Teilbewegung. Danach wird der Endpunkt festgelegt und eine Strich vom Anfangs- zum Endpunkt gezogen.
Die Zykloide ergibt sich danach etwa durch den Aufruf

```
? ÜBERLAGERE [VORWÄRTS 3] 90 [RECHTS 12 VORWÄRTS 3] (-90)
```

Führt man die Translation schneller im Vergleich zur Kreisbewegung aus, also z.B.

```
? ÜBERLAGERE [VORWÄRTS 5] 90 [RECHTS 12 VORWÄRTS 3] (-90)
```

so ergibt sich die verkürzte Zykloide

Beim "Bremsen" der Translation durch

```
? ÜBERLAGERE [VORWÄRTS 2] 90 [RECHTS 12 VORWÄRTS 3] (-90)
```

ergibt sich die verlängerte Zykloide

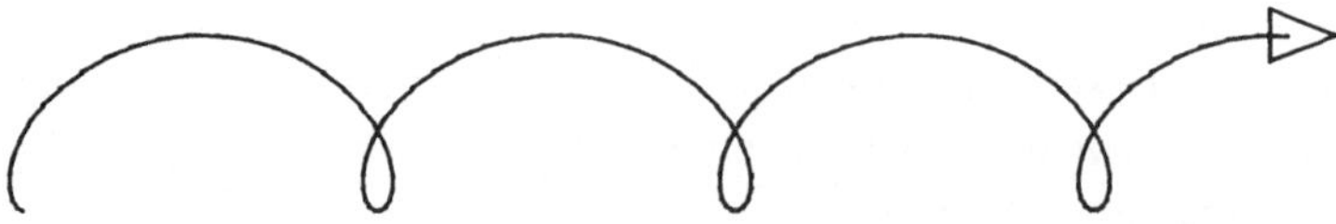

Weitere Rollkurven, insbesondere die Epizykloiden und Hypozykloiden, möge der Leser selbst ausprobieren.

1.4.3 Planetenbahnen

Wir wollen zum Abschluß dieses Abschnitts die Igelvorstellung noch an einem Problem der Himmelsmechanik erproben: der Planetenbewegung. Jede Bewegung in der Newtonschen Mechanik ist durch einen Anfangspunkt AP und der Anfangsgeschwindigkeit nach Betrag V und Richtung VRI festgelegt. Für eine diskrete Approximation benötigen wir noch die Zeittaktung Δt bzw. DT. Legen wir den Anfangspunkt und die Richtung der Anfangsgeschwindigkeit durch die Ausgangsstellung des Igels fest, so wird eine Bewegung beispielsweise durch folgenden Prozeduraufruf gestartet:

```
? BEW 1 6 KURS ORT
```

wobei die Kopfzeile der BEW-Prozedur wie folgt aussieht

```
PR BEW :DT :V :VRI :AP
```

Bei einer Zentralbewegung muß ein Zentrum Z festgelegt werden:

```
? SETZE "Z [0 0]
```

Nach dem Newtonschen Überlagerungsprinzip sind von dem Igel folgende Teilbewegungen auszuführen:

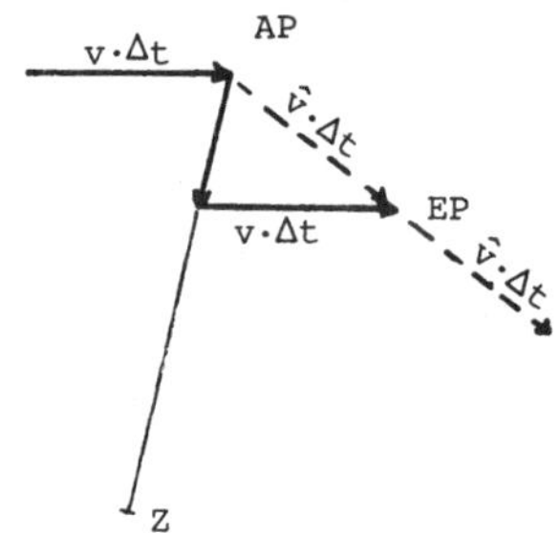

- Die Fallbewegung auf das Zentrum Z zu:

```
AUFKURS PEILE :Z
SETZE "DVZ :G / ...
... (QUAD ENTFERNUNG :Z)...
... * :DT
VORWÄRTS :DVZ * :DT
```

wobei G eine Konstante ist, die die Masse des Igels, physikalische Konstanten und Maßstabsfaktoren zusammenfaßt.

- Die gleichförmige Bewegung nach der augenblicklichen Geschwindigkeit im Zeitraum Δt

```
AUFKURS :VRI
VORWÄRTS :V * :DT
```

Nach Durchführung dieser Teilbewegungen mit hochgezogenem Stift kann der Igel die resultierende Geschwindigkeit durch Anpeilen des Anfangspunkts nach Richtung

```
SETZE "VRI 180 + PEILE :AP
```

und durch Messung der Entfernung von AP nach Betrag

```
SETZE "V (ENTFERNUNG :AP) / :DT
```

bestimmen. Zum Schluß wird die resultierende Bewegung ausgeführt:

```
PR BEW :DT :V :VRI :AP
 LOKAL "DVZ

 AUFKURS PEILE :Z
 SETZE "DVZ :G / (QUAD ENTFERNUNG :Z) * :DT
 VORWÄRTS :DVZ * :DT

 AUFKURS :VRI
 VORWÄRTS :V * :DT

 SETZE "VRI 180 + PEILE :AP
 SETZE "V (ENTFERNUNG :AP) / :DT

 AUF :AP STIFTAB
 AUFKURS :VRI
 VORWÄRTS :V * :DT STIFTHOCH

 BEW :DT :V :VRI ORT

ENDE
```

Im folgenden Beispiellauf der Prozedur sind STIFTHOCH und STIFTAB gelöscht, so daß man die Teilbewegungen ebenfalls sehen kann:

```
? SETZE "Z [0 0]
? SETZE "G 3000
? AUF [-80 0]
? AUFKURS 0

? BEW 2 5 KURS ORT
```

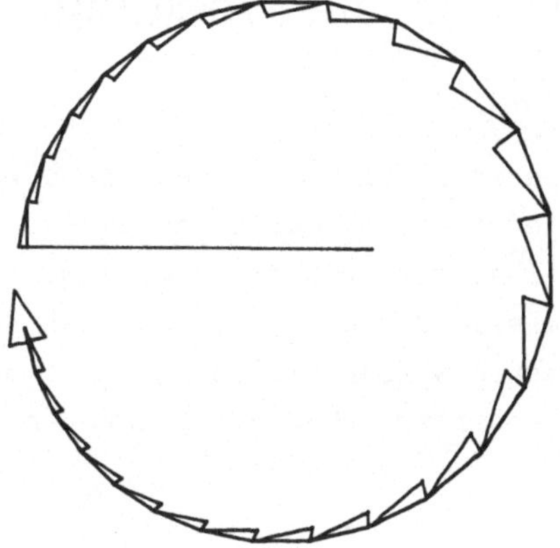

Es soll noch einmal ausdrücklich darauf hingewiesen werden, daß mit der Benutzung der Igelvorstellung die Probleme auf die eigentlichen physikalisch-geometrischen Grundgedanken zurückgeführt werden, und daß insbesondere kein mathematischer Apparat die Sicht auf das Problem verstellt.
So lassen sich z.B. in sehr natürlicher Weise Varianten und Erweiterungen der Aufgabenstellung erzeugen. Reduziert man etwa den Betrag der resultierenden Geschwindigkeit um einen gewissen Prozentsatz, d.h. ersetzt man in BEW die entsprechende Zeile z.B. durch

```
SETZE "V 0.99 * (ENTFERNUNG :AP) / :DT
```

so erhält man die Bahn eines abstürzenden Satelliten.

```
? SETZE "Z [0 0]
? SETZE "G 3000
? AUF [-80 0]
? AUFKURS 0
? STIFTHOCH

? BEW 2 5 KURS ORT
```

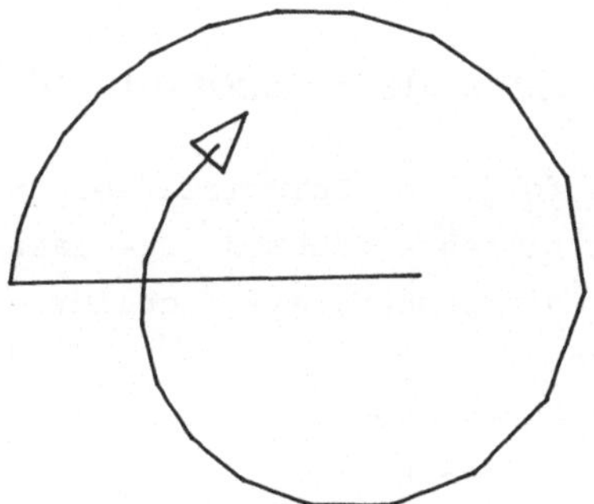

Ein Ausbau der Igelvorstellung zur genaueren Beschreibung der Bahnbewegungen und Bahnstörungen wird etwa in Löthe-Quehl 1983 geschildert.

2 Listenverarbeitung

Listen stellen eine geordnete Zusammenfassung von Objekten dar, die wiederholt in der Liste auftreten können. Diese Objekte können selbst wieder Listen sein; mit dem Listenbegriff liegt also eine rekursive Datenstruktur in Logo vor.
Listen werden mit eckigen Klammern eingegrenzt, die Leerstelle ist Trenner zwischen den Elementen der Liste.

[1 2 3 4 5]	Liste mit 5 Elementen
[12345]	Liste mit dem Element 12345 (Zahl)
[]	leere Liste
[3 3 1 1 2]	Liste mit 5 Elementen
[O T T O]	Liste mit 4 Elementen
[OTTO]	Liste mit dem Element OTTO (Wort)
[A [123]]	geschachtelte Liste mit zwei Elementen
[OTTO [HANS DAMPF]]	geschachtelte Liste mit zwei Elementen

Listen entsprechen als geordnete Zusammenfassung mit einer möglichen Wiederholung von Objekten dem Begriff des n-Tupels in der Mathematik und sind in gewissem Sinn komplementär zum Mengenbegriff, bei dem die Ordnung der Elemente unwesentlich und die Wiederholung nicht zugelassen ist.

2.1 Einfache Prozeduren mit Listen

Die folgenden Beispiele sollen in die Technik des Programmierens mit Listen einführen. Sie lassen die grundlegenden Programmstrukturen erkennen, die auch für spätere komplexere Prozeduren wichtig sind.
Die Funktionen

ERSTES :L	Abk.: ER :L
LETZTES :L	Abk.: LZ :L

geben das erste bzw. letzte Element von L zurück,

OHNEERSTES :L	Abk.: OE :L
OHNELETZTES :L	Abk.: OL :L

geben die um das erste bzw. letzte Element gekürzte Liste zurück.

Die Länge einer Liste L kann damit wie folgt definiert werden (in manchen Logo-Versionen ist sie ein Grundwort).

```
PR LÄNGE :L
 WENN :L = [] DANN RÜCKGABE 0
 RÜCKGABE 1 + LÄNGE OHNEERSTES :L
ENDE

? LÄNGE [1 2 [1 2]]
ERGEBNIS: 3
```

Möchte man die Anzahl der Atome (Zahlen oder Wörter) ermitteln, die in einer geschachtelten Liste auftreten, so muß man jeweils prüfen, ob ein Listenelement eine Liste ist oder nicht. Dies geschieht durch die logische Abfrage

```
LISTE? :E
```

die WAHR ergibt, wenn E eine Liste ist, sonst FALSCH.

```
PR ATOMZAHL :L
 WENN :L = [] DANN RÜCKGABE 0
 PRÜFE LISTE? ERSTES :L
 WENNWAHR RÜCKGABE (ATOMZAHL ERSTES :L)...
                ... + (ATOMZAHL OHNEERSTES :L)
 WENNFALSCH RÜCKGABE 1 + ATOMZAHL OHNEERSTES :L
ENDE

? ATOMZAHL [1 2 [1 2]]
ERGEBNIS: 4
```

Im WAHR-Fall wird mit ATOMZAHL ERSTES :L in die Tiefe der Schachtelung gegangen, da ERSTES :L jeweils die Schachtelung reduziert. Mit ATOMZAHL OHNEERSTES :L wird die Liste in der Breite durchgegangen.

Als programmiertechnisch paralleles Problem wollen wir die Elementbeziehung bzw. die Atombeziehung angeben (vgl. 8.3).

```
PR ELEMENT? :X :L
 WENN :L = [] DANN RÜCKGABE "FALSCH
 PRÜFE :X = ERSTES :L
 WENNWAHR RÜCKGABE "WAHR
 WENNFALSCH RÜCKGABE ELEMENT? :X OHNEERSTES :L
ENDE

? ELEMENT? 5 [4 5 [3 2]]
ERGEBNIS: WAHR

? ELEMENT? 5 [4 3 [5 2]]
ERGEBNIS: FALSCH

? ELEMENT? [5 2] [4 3 [5 2]]
ERGEBNIS: WAHR
```

Der Test darauf, ob ein Atom in einer u. U. geschachtelten Liste auftritt, sieht folgendermaßen aus:

```
PR ATOM? :A :L
 WENN :L = [] DANN RÜCKGABE "FALSCH
 PRÜFE LISTE? ERSTES :L
 WENNWAHR RÜCKGABE EINES? ATOM? :A ERSTES :L ...
                     ... ATOM? :A OHNEERSTES :L
 PRÜFE :A = ERSTES :L
 WENNWAHR RÜCKGABE "WAHR
 WENNFALSCH RÜCKGABE ATOM? :A OHNEERSTES :L
ENDE

? ATOM? 5 [4 3 [5 2]]
ERGEBNIS: WAHR

? ATOM? [5 2] [4 3 [5 2]]
ERGEBNIS: FALSCH
```

Hier ist also vorausgesetzt, daß A ein Atom ist. Es bleibt dem Leser überlassen, das Programm so umzuformen, daß auch das Auftreten von Listen in beliebiger Schachtelungstiefe erkannt wird, d.h. für A auch Listen vorgegeben werden dürfen.

Von ähnlicher Bauart ist eine Prozedur LIN, die eine beliebige geschachtelte Liste linearisiert, d.h. alle ihre Atome in einer unverschachtelten Liste zurückgibt.

```
PR LIN :L
 WENN :L = [] DANN RÜCKGABE []
 PRÜFE LISTE? ERSTES :L
 WENNWAHR RÜCKGABE SATZ LIN ERSTES :L ...
                    ... LIN OHNEERSTES :L
 WENNFALSCH RÜCKGABE SATZ ERSTES :L ...
                      ... LIN OHNEERSTES :L
ENDE

? LIN [1 [2 [3 4] 5] [6 7]]
ERGEBNIS:[1 2 3 4 5 6 7]
```

Man kann auf zwei Weisen Listen aufbauen. Mit der Funktion

```
LISTE :A :B
```

wird eine Liste mit A als erstem und B als zweitem Element gebildet

```
? LISTE 1 2
ERGEBNIS: [1 2]

? LISTE [1 2] [5 [6 7]]
ERGEBNIS: [[1 2] [5 [6 7]]]
```

Die Schachtelungstiefe wird also mit LISTE erhöht. LISTE kann auch mehr oder weniger als zwei Eingaben habe; der gesamte Ausdruck ist dann einzuklammern:

```
? (LISTE)
ERGEBNIS: []

? (LISTE 1)
ERGEBNIS: [1]

? (LISTE 1 2 3)
ERGEBNIS: [1 2 3]
```

Mit den Funktionen

MITERSTEM :X :L   Abk.: ME :X :L

MITLETZTEM :X :L   Abk.: ML :X :L

wird ein Objekt X als erstes bzw. letztes Element in L eingefügt. Es gelten also folgende Identitäten

ERSTES MITERSTEM :X :L = :X

LETZTES MITLETZTEM :X :L = :X

OHNEERSTES MITERSTEM :X :L = :L

OHNELETZTES MITLETZTEM :X :L = :L

MITERSTEM (ERSTES :L) (OHNEERSTES :L) = :L

MITLETZTEM (LETZTES :L) (OHNELETZTES :L) = :L

Als Anwendung wollen wir eine Funktion STREICH1 schreiben, die ein vorgegebenes Objekt X in einer Liste beim ersten Auftreten streicht und die reduzierte Liste zurückgibt

```
PR STREICH1 :X :L
 WENN :L = [] DANN RÜCKGABE []
 PRÜFE :X = ERSTES :L
 WENNWAHR RÜCKGABE OHNEERSTES :L
 WENNFALSCH RÜCKGABE MITERSTEM ERSTES :L ...
                              ... STREICH1 :X OHNEERSTES :L
ENDE

? STREICH1 "A [B A N A N E]
ERGEBNIS: [B N A N E]
```

Im Falschfall steht fast die Identität

MITERSTEM (ERSTES :L) (OHNEERSTES :L)

da, nur daß die Restliste noch mit STREICH1 weiter behandelt wird. Im Wahrfall wird die um das erste Element gekürzte Liste zurückgegeben.

Möchte man X bei jedem Auftreten in L (jedoch nur auf höchster Schachtelungsebene) streichen, so muß der Wahrfall noch weiter ausgeführt werden

```
PR STREICH :X :L
 WENN :L = [] DANN RÜCKGABE []
 PRÜFE :X = ERSTES :L
 WENNWAHR RÜCKGABE STREICH :X OHNEERSTES :L
 WENNFALSCH RÜCKGABE MITERSTEM ERSTES :L ...
                              ... STREICH :X OHNEERSTES :L
ENDE

? STREICH "A [B A N A N E]
ERGEBNIS: [B N N E]
```

Der Fall, daß X in jeder Schachtelungstiefe von L gestrichen werden soll, bleibt dem Leser überlassen.

Zur Erläuterung der Struktur solcher Funktionen, die eine Liste durchgehen und dabei irgendwelche Manipulationen verrichten, sei noch eine Funktion DURCH angegeben, die die eingegebene Liste unverändert ausgibt

```
PR DURCH :L
 WENN :L = [] DANN RÜCKGABE []
 RÜCKGABE MITERSTEM ERSTES :L ...
                  ... DURCH OHNEERSTES :L
ENDE

? DURCH [1 2 3 4 5]
ERGEBNIS: [1 2 3 4 5]
```

Die zweite Zeile dieser Prozedur gleicht nahezu der oben dargestellten Identität. Beim Programmieren und Lesen von Prozeduren ist es wichtig, diese Struktur des Durchgehens einer Liste immer zu erkennen.

Wir wollen STREICH noch anwenden, um eine Liste zu erzeugen, in der jedes Element genau einmal auftritt

```
PR MENGE :L
 WENN :L = [] DANN RÜCKGABE []
 RÜCKGABE MITERSTEM ERSTES :L ...
                  ... MENGE STREICH ERSTES :L ...
                                  ... OHNEERSTES :L
ENDE

? MENGE [1 2 1 3 4 2 3 3]
ERGEBNIS: [1 2 3 4]
```

Man erkennt die Strukturen des Durchgehens einer Liste, wobei jeweils in der Restliste OHNEERSTES :L das Element ERSTES :L zuvor gestrichen wird.

Damit läßt sich leicht eine Liste L darauf testen, ob man sie als Menge betrachten kann

```
PR MENGE? :L
 RÜCKGABE :L = MENGE :L
ENDE

? MENGE? [1 2 3]
ERGEBNIS: WAHR

? MENGE? [1 2 3 1]
ERGEBNIS: FALSCH
```

Die Prozeduren für den Durchschnitt, Vereinigung und Differenz zweier Mengen A und B mögen diese einfachen Beispiele abrunden, wobei wir darauf verzichten, vorher zu prüfen, ob die eingegebenen Listen wirkliche Mengen darstellen

```
? SCHNITT [1 2 3 4 5] [3 4 5 6 7]
ERGEBNIS: [3 4 5]
```

```
PR SCHNITT :A :B
 WENN :A = [] DANN RÜCKGABE []
 PRÜFE ELEMENT? (ERSTES :A) :B
 WENNWAHR RÜCKGABE MITERSTEM ERSTES :A ...
                          ... SCHNITT (OHNEERSTES :A) :B
 WENNFALSCH RÜCKGABE SCHNITT (OHNEERSTES :A) :B
ENDE

? VEREIN [1 2 3 4 5] [3 4 5 6 7]
ERGEBNIS: [1 2 3 4 5 6 7]

PR VEREIN :A :B
 WENN :A = [] DANN RÜCKGABE :B
 PRÜFE ELEMENT? (ERSTES :A) :B
 WENNWAHR RÜCKGABE VEREIN (OHNEERSTES :A) :B
 WENNFALSCH RÜCKGABE MITERSTEM ERSTES :A ...
                            ... VEREIN (OHNEERSTES :A) :B
ENDE
```

Man vergleiche SCHNITT und VEREIN und beachte, wie sich die Dualität zwischen Durchschnitt und Vereinigung in der Struktur der Programme wiederfindet.
Für die Differenz zweier Mengen A und B gilt ("A ohne "B)

```
PR M.DIFF :A :B
 WENN :B = [] DANN RÜCKGABE :A
 RÜCKGABE M.DIFF STREICH (ERSTES :B) :A ...
              ... OHNEERSTES :B
ENDE

? M.DIFF [1 2 3 4 5 6] [3 4]
ERGEBNIS: [1 2 5 6]
```

2.2 Felder

Die Strukturierung von Daten in Feldern (Vektoren, Matrizen, mehrdimensionale Felder) wird etwa in der numerischen Mathematik und in vielen Computersprachen (auch in einigen Logoversionen) genutzt. Die folgenden Prozeduren dienen zur Ergänzung eines Logo-Systems ohne Sprachelemente zu Feldern. Die Abfolge der entwickelten Prozeduren demonstriert jedoch auch, wie man durch Lösen einfache Teilprobleme und systematischer Verallgemeinerung komplexe Probleme lösen kann.

Es werden bei jeder Aufgabe zuerst die Lösungen für ein-, zwei- und meist auch dreidimensionale Felder entwickelt und dann erst der Schritt zum beliebig-dimensionalen Feld vollzogen.
Es werden nacheinander die Ausgabe des Feldes, das Lesen eines Elements und das Verändern eines Elements programmiert. Die jeweiligen Funktionen stellen strukturmäßig Parallelprozeduren dar, die in den Unterschieden zunehmende Komplexität zeigen.

2.2.1 Ausgabe von Feldern

Ein Vektor wird durch eine ungeschachtelte Liste dargestellt

[5 4 3 2 1],

seine Ausgabe geschieht durch DRUCKEZEILE

```
PR AUS1 :F
 DRUCKEZEILE :F
ENDE
```

Eine Matrix kann als die Liste ihrer Zeilenvektoren aufgefaßt werden

[[1 2 3] [4 5 6] [7 8 9]],

ihre Ausgabe benutzt AUS1 für die Zeilenvektoren

```
PR AUS2 :F
 WENN :F = [] DANN (DZ) RÜCKKEHR
 AUS1 ERSTES :F
 AUS2 OHNEERSTES :F
ENDE
```

Mit DZ, der Abkürzung von DRUCKEZEILE ohne Eingabe, werden Leerzeilen eingefügt, die die Ausgabe etwas gliedern. Ein dreidimensionales Feld fassen wir naheliegenderweise als Liste von Matrizen auf, die wir uns schichtenweise im Raum übereinanderliegend vorstellen:

[[[1 2 3] [4 5 6] [7 8 9]]
 [[A B C] [D E F] [G H I]]]

Die Ausgabe eines solchen Feldes ergibt sich in naheliegender Weise

```
PR AUS3 :F
 WENN :F = [] DANN (DZ) RÜCKKEHR
 AUS2 ERSTES :F
 AUS3 OHNEERSTES :F
ENDE
```

Beim Übergang zur Ausgabe beliebiger Felder überlagern sich
- das Durchgehen einer Liste mit dem
- Reduzieren der Dimension des Feldes (F steht für eine allgemeine Feldoperation)

```
PR F.AUS :F
 WENN :F = [] DANN (DZ) RÜCKKEHR
 PRÜFE LISTE? ERSTES ERSTES :F
 WENNWAHR F.AUS ERSTES :F
 WENNFALSCH DRUCKEZEILE ERSTES :F
 F.AUS OHNEERSTES :F
ENDE
```

Bei der Ausgabe wurde nirgends verwendet, daß bei Feldern alle Elemente gleichartig aufgebaut sein müssen; es ist also nicht notwendig, daß die Zeilenvektoren einer Matrix alle gleich lang sind. (Sie sollten jedoch nicht leer sein.)

2.2.2 Typ eines Feldes

Der Typ einer Matrix ist eine Liste, die die Anzahl der Spalten und die Anzahl der Zeilen enthält. Beispielsweise soll gelten

```
? TYP2 [[1 2] [3 4] [5 6]]
ERGEBNIS: [3 2]
```

Für einen Vektor handelt es sich um eine einelementige Liste mit der Anzahl seiner Elemente (vgl. 2.1)

```
PR TYP1 :F
 RÜCKGABE (LISTE LÄNGE :F)
ENDE
```

Für eine Matrix ist zusätzlich zu prüfen, ob alle Zeilenlängen übereinstimmen. Wenn dies einmal nicht der Fall ist, wird FALSCH statt einer Liste zurückgegeben:

```
PR TYP2 :F
 LOKAL "T1 LOKAL "T2

 SETZE "T1 TYP1 ERSTES :F
 WENN :T1 = "FALSCH DANN RÜCKGABE "FALSCH
 WENN OHNEERSTES :F = [] DANN RÜCKGABE MITERSTEM 1 :T1

 SETZE "T2 TYP2 OHNEERSTES :F
 WENN :T2 = "FALSCH DANN RÜCKGABE "FALSCH
 WENN NICHT? :T1 = OHNEERSTES :T2 DANN RÜCKGABE "FALSCH

 RÜCKGABE MITERSTEM (1 + ERSTES :T2) OHNEERSTES :T2
ENDE
```

Für ein dreidimensionales Feld gilt entsprechend

```
PR TYP3 :F
 LOKAL "T1 LOKAL "T2

 SETZE "T1 TYP2 ERSTES :F
 WENN :T1 = "FALSCH DANN RÜCKGABE "FALSCH
 WENN OHNEERSTES :F = []  DANN RÜCKGABE MITERSTEM 1 :T1

 SETZE "T2 TYP3 OHNEERSTES :F
 WENN :T2 = "FALSCH DANN RÜCKGABE "FALSCH
 WENN NICHT? :T1 = OHNEERSTES :T2 DANN RÜCKGABE "FALSCH

 RÜCKGABE MITERSTEM (1 + ERSTES :T2) OHNEERSTES :T2
ENDE

? TYP3 [[[1] [2] [3]] [[4] [5] [6]]]
ERGEBNIS: [2 3 1]
```

Die Verallgemeinerung aller drei TYP-Prozeduren hat folgende Gestalt

```
PR F.TYP :F
 LOKAL "T1 LOKAL "T2

 PRÜFE LISTE? ERSTES :F
 WENNFALSCH RÜCKGABE (LISTE LÄNGE :F)

 SETZE "T1 F.TYP ERSTES :F
 WENN :T1 = "FALSCH DANN RÜCKGABE "FALSCH
 WENN OHNEERSTES :F = [] DANN RÜCKGABE MITERSTEM 1 :T1

 SETZE "T2 F.TYP OHNEERSTES :F
 WENN :T2 = "FALSCH DANN RÜCKGABE "FALSCH
 WENN NICHT? :T1 = OHNEERSTES :T2 DANN RÜCKGABE "FALSCH

 RÜCKGABE MITERSTEM (1 + ERSTES :T2) OHNEERSTES :T2
ENDE
```

Es wird also angenommen, daß dann ein Vektor vorliegt, wenn das erste Element keine Liste ist; es wird jedoch nicht geprüft, ob dann die übrigen Elemente ebenfalls keine Listen sind.
Im folgenden wird jeweils vorausgesetzt, daß ein richtig gebautes Feld vorliegt, ohne daß dies explizit geprüft wird.

2.2.3 Zitieren eines Elements

Bei einem Vektor F erhält man das I-te Element durch die (in manchen Logo-Versionen als Grundwort vorhandene) ELEMENT-Funktion (vgl. 8.3), die wir hier aus systematischen Gründen PICKE1 nennen und (überflüssigerweise) aufführen

```
PR PICKE1 :I :F
 WENN :I = 1 DANN RÜCKGABE ERSTES :F
 RÜCKGABE PICKE1 (:I - 1) OHNEERSTES :F
ENDE
```

Für Matrizen gilt dann durch Verallgemeinerung

```
PR PICKE2 :I :J :F
 WENN :I = 1 DANN RÜCKGABE PICKE1 :J ERSTES :F
 RÜCKGABE PICKE2 (:I - 1):J OHNEERSTES :F
ENDE
```

und für dreidimensionale Felder

```
PR PICKE3 :I :J :K :F
 WENN :I = 1 DANN RÜCKGABE PICKE2 :J :K ERSTES :F
 RÜCKGABE PICKE3 (:I - 1) :J :K OHNEERSTES :F
ENDE
```

Damit läßt sich diese Zugriffsfunktion auch auf beliebige Indexlisten verallgemeinern

```
PR F.PICKE :IL :F
 WENN (ERSTES :IL = 1) DANN ...
  ... WENN OHNEERSTES :IL = [] DANN RÜCKGABE ERSTES :F ...
       ... SONST RÜCKGABE F.PICKE (OHNEERSTES :IL) ERSTES :F
 RÜCKGABE F.PICKE MITERSTEM ((ERSTES :IL) - 1) ...
                           ... OHNEERSTES :IL ...
             ... OHNEERSTES :F
ENDE

? F.PICKE [2 1]  [[1 2] [3 4] [5 6]]
ERGEBNIS: 3
```

Man beachte, wie das Durchgehen von F mit ERSTES :F und OHNEERSTES :F entsprechend PICKE3 verläuft und zwar parallel zum Herunterzählen von ERSTES :IL. Diesem überlagert wird das Durchgehen der Indexliste mit ERSTES :IL und OHNEERSTES :IL, sowie der Abbruchbedingung OHNEERSTES :IL = [].

2.2.4 Setzen eines Elements

Die entgegengesetzte Operation zum Zitieren eines Feldelements ist Das Setzen eines Werts an eine durch Indizes festgelegte Stelle des Feldes. Die Prozeduren sind von der Logik her Parallelprogramme zu 2.2.3, sie enthalten die für das Setzen zusätzlich notwendigen Sprachelemente

```
PR SETZE1 :I :X :F
 WENN :I = 1 DANN RÜCKGABE MITERSTEM :X OHNEERSTES :F
 RÜCKGABE MITERSTEM (ERSTES :F) ...
                ... SETZE1 (:I - 1) :X OHNEERSTES :F
ENDE

PR SETZE2 :I :J :X :F
 WENN :I = 1 DANN RÜCKGABE MITERSTEM SETZE1 :J :X ER :F ...
                                    ... OHNEERSTES :F
 RÜCKGABE MITERSTEM (ERSTES :F) ...
                ... SETZE2 (:I - 1) :J :X OHNEERSTES :F
ENDE

PR F.SETZE :IL :X :F
 WENN ERSTES :IL = 1 DANN ...
  ... WENN OHNEERSTES :IL = [] DANN RÜCKGABE ...
                                  ... MITERSTEM :X ...
                                            ... OE :F ...
      ... SONST RÜCKGABE MITERSTEM (F.SETZE (OE :IL)...
                                        ... :X ...
                                        ... ERSTES :F)...
                                  ... OHNEERSTES :F
 RÜCKGABE MITERSTEM ERSTES :F ...
               ... F.SETZE (MITERSTEM ((ER :IL)-1) OE :IL)...
                     ... :X ...
                     ... OHNEERSTES :F
ENDE
```

(Abkürzungen: ER für ERSTES, OE für OHNEERSTES)

```
? F.SETZE [2 1] 56 [[1 2] [3 4] [5 6]]
ERGEBNIS:[[1 2] [56 4] [5 6]]
```

Diese Prozedurenfolge sollte man sowohl unter dem Gesichtspunkt der Verallgemeinerung von SETZE1 bis F.SETZE als auch als Parallelprogramme zu PICKE1 bis F.PICKE analysieren.

2.2.5 Matrizenoperationen

Als programmtechnisch besonders lehrreich wollen wir das Transponieren und Multiplizieren von Matrizen erläutern.
Eine Matrix wurde in 2.2.1 als Liste der Zeilenvektoren erklärt, z.B.:

[[1 2 3] [4 5 6]]

Beim Transponieren muß man die Spaltenvektoren zu den entsprechenden Zeilenvektoren machen:

[[1 4] [2 5] [3 6]]

Als Hilfsprozeduren dafür benötigen wir

ERS, eine Funktion, die den ersten Spaltenvektor liefert und

OES, eine Funktion, die die Matrix ohne den ersten Spaltenvektor zurückgibt.

```
PR ERS :M
 WENN :M = [] DANN RÜCKGABE []
 RÜCKGABE MITERSTEM ERSTES ERSTES :M ...
                  ... ERS OHNEERSTES :M
ENDE

PR OES :M
 WENN :M = [] DANN RÜCKGABE []
 RÜCKGABE MITERSTEM OHNEERSTES ERSTES :M ...
                  ... OES OHNEERSTES :M
ENDE

? ERS [[1 2] [3 4] [5 6]]
ERGEBNIS: [1 3 5]

? OES [[1 2 3] [4 5 6] [7 8 9]]
ERGEBNIS: [[2 3] [5 6] [8 9]]
```

In beiden Fällen erkennt man das Schema des Durchgehens einer Liste mit ERSTES und OHNEERSTES. Beim Transponieren wendet man das Schema entsprechend mit ERS und OES an

```
PR TRANS :M
 WENN ERSTES :M = [] DANN RÜCKGABE []
 RÜCKGABE MITERSTEM ERS :M ...
                  ... TRANS OES :M
ENDE

? TRANS [[a b] [c d]]
ERGEBNIS: [[a c] [b d]]
```

Das Produkt zweier Matrizen A und B kann man dann bilden, wenn die Zeilenanzahl von A gleich der Spaltenanzahl von B ist:

```
ERSTES F.TYP :A = LETZTES F.TYP :B
```

Es ergibt sich damit die Produktmatrix vom Typ

```
LISTE ERSTES F.TYP :A LETZTES F.TYP :B
```

Wir entwickeln das Matrizenprodukt in drei Stufen:

- zuerst das innere Produkt IP zweier Vektoren
- danach das Matrizenprodukt eines Zeilenvektors mit einer Matrix: MATPROD1
- und schließlich das allgemeine Matrizenprodukt zweier Matrizen: MATPROD

Die Prüfung der Typverträglichkeit wird in allen drei Programmen nicht durchgeführt. Die Struktur der Programme enthält nämlich die Typprüfung in folgendem Sinn: Passen die eingegebenen Vektoren oder Matrizen nicht zusammen, so brechem die Prozeduren mit einer Standardfehlermeldung ab; es ergibt sich nie ein falscher Wert als Resultat.

Das innere Produkt von Vektoren Z und S :

```
? IP [1 2 3] [4 5 6]
ERGEBNIS: 32

PR IP :Z :S
 WENN ALLE? (:Z = []) (:S = []) DANN RÜCKGABE 0
 RÜCKGABE (ERSTES :Z)*(ERSTES :S) ...
      ... + IP (OHNEERSTES :Z) (OHNEERSTES :S)
ENDE
```

Das Produkt eines Zeilenvektors Z mit einer Matrix B ist der Vektor der inneren Produkte von Z mit den Spaltenvektoren von B:

```
PR MATPROD1 :Z :B
 WENN ERSTES :B = [] DANN RÜCKGABE []
 RÜCKGABE MITERSTEM (IP :Z ERS :B) ...
                 ... MATPROD1 :Z OES :B
ENDE

? MATPROD1 [1 2 0] [[5 3] [2 0] [4 1]]
ERGEBNIS: [9 3]
```

Gehen wir alle Zeilenvektoren von A durch, so erhalten wir durch MATPROD1 jeweils die Zeilenvektoren der Ergebnismatrix:

```
? MATPROD [[1 2 0] [0 3 4]] [[5 3] [2 0] [4 1]]
ERGEBNIS: [[9 3] [22 4]]

PR MATPROD :A :B
 WENN :A = [] DANN RÜCKGABE []
 RÜCKGABE MITERSTEM MATPROD1 ERSTES :A :B ...
                 ... MATPROD OHNEERSTES :A :B
ENDE
```

2.2.6 Fastleere Felder

Häufig treten in Anwendungen Vektoren, Matrizen oder andere Felder auf, die viele Nullen enthalten. Es ist dann meist unökonomisch alle diese Nullen zu speichern. In solchen Fällen bildet man aus dem Index und dem Wert ein Paar und speichert dieses ab. Beispielsweise für einen Vektor

```
[0 0 1 0 0 5] ... [[3 1] [6 5]]
```

oder eine Matrix

```
[[0 5 7 0 0]   ...[[1 [2 5] [3 7]]
 [0 0 0 0 0]       [3 [1 5] [5 7]]]
 [5 0 0 0 7]]
```

Das Übertragen der bisher entwickelten Prozeduren auf fastleere Felder ist eine ausgezeichnete Übung zum Programmieren durch Verallgemeinern und Parallelisieren.

Entwickeln wir zuerst FL.PICKE1 und FL.SETZE1 für Vektoren (parallel zu 2.2.3 und 2.2.4):

```
PR FL.PICKE1 :I :F
 WENN :F = [] DANN RÜCKGABE 0
 WENN :I < ERSTES ERSTES :F DANN RÜCKGABE 0
 WENN :I = ERSTES ERSTES :F DANN RÜCKGABE LETZTES ERSTES :F
 RÜCKGABE FL.PICKE1 :I (OHNEERSTES :F)
ENDE

? FL.PICKE1 6 [[3 1] [6 5]]
ERGEBNIS: 5

? FL.PICKE1 5 [[3 1] [6 5]]
ERGEBNIS: 0

PR FL.SETZE1 :I :X :F
 PRÜFE :F = []
 WENNWAHR WENN :X = 0 DANN RÜCKGABE [] ...
                 ... SONST RÜCKGABE (LISTE (LISTE :I :X))

 PRÜFE :I < ERSTES ERSTES :F
 WENNWAHR WENN :X = 0 DANN RÜCKGABE :F ...
                 ... SONST RÜCKGABE ME (LISTE :I :X) :F

 PRÜFE :I = ERSTES ERSTES :F
 WENNWAHR WENN :X = 0 DANN RÜCKGABE OHNEERSTES :F ...
                 ... SONST RÜCKGABE ME (LISTE :I :X) OE :F

 RÜCKGABE MITERSTEM ERSTES :F ...
               ... FL.SETZE1 :I :X OHNEERSTES :F
ENDE
```

(Abkürzungen: ME für MITERSTEM, OE für OHNEERSTES)

```
? FL.SETZE1 4 13 [[3 1] [6 5]]
ERGEBNIS: [[3 1] [4 13] [6 5]]
```

```
? FL.SETZE1 6 0 [[3 1] [6 5]]
ERGEBNIS: [[3 1]]
```

Für Matrizen ergibt sich durch Verallgemeinern aus den oben stehenden Prozeduren

```
PR FL.PICKE2 :I :J :F
 WENN :F = [] DANN RÜCKGABE 0
 WENN :I < ERSTES ERSTES :F DANN RÜCKGABE 0
 WENN :I = ERSTES ERSTES :F DANN RG FL.PICKE1 :J OE ER :F
 RÜCKGABE FL.PICKE2 :I :J OHNEERSTES :F
ENDE
```

(Abkürzungen: RG für RÜCKGABE, OE für OHNEERSTES)

```
? FL.PICKE 3 5  [[1 [2 5] [3 7]] ...
            ...  [3 [1 5] [5 7]]]
ERGEBNIS: 7

PR FL.SETZE2 :I :J :X :F
 PRÜFE :F = []
 WENNWAHR WENN :X = 0 DANN RÜCKGABE [] ...
                  ... SONST RG (LISTE (LISTE :I LISTE :J :X))
 PRÜFE :I < ERSTES ERSTES :F
 WENNWAHR WENN :X = 0 DANN RÜCKGABE :F ...
                  ... SONST RG ME (LISTE :I LISTE :J :X) :F
 PRÜFE :I = ERSTES ERSTES :F
 WENNWAHR WENN :X = 0 DANN RÜCKGABE OHNEERSTES :F ...
                  ... SONST ME (LISTE :I ...
                                  ... FL.SETZE1 :J ...
                                             ... :X ...
                                             ... OE ER :F)...
                             ... OHNEERSTES :F
 RÜCKGABE ME (ER :F) ...
         ... FL.SETZE2 :I :J :X (OHNEERSTES :F)
ENDE

? FL.SETZE2 2 4 37 [[1 [2 5] [3 7]] ...
               ... [3 [1 5] [5 7]]]
ERGEBNIS: [[1 [2 5] [3 7]] ...
       ... [2 [4 37]] ...
       ... [3 [1 5] [5 7]]]
```

Die Entwicklung weiterer Programme wird dem Leser überlassen. Eine Anwendung einer ähnlichen Programmiertechnik mit fastleeren Feldern auf Conways Lebensspiel findet sich bei Hoppe (in Vorb.).

2.3 Sortierverfahren

In diesem Abschnitt sollen die drei einfachsten Sortierverfahren behandelt werden. Dabei geht es nicht primär um das Problem des Sortierens als solches, sondern um die bei der Programmierung möglichen bzw. notwendigen Denkweisen. Alle drei Verfahren werden zuerst in einer begrifflich einfacheren Fassung mit endständiger Rekursion und der Tabellenvorstellung für die Entwicklung der Variablen angegeben und danach in einer vollständig rekursiven Fassung erläutert.

2.3.1 Sortieren durch Einordnen

Dieses erste Verfahren wird z.B. von Kartenspielern angewandt, die Karte um Karte aufnehmen und in ihren Fächer richtig einordnen. Es gibt also eine Quelliste QL und eine sortierte Zielliste ZL. Eine Grundoperation ist das Einordnen eines Objekts X in eine sortierte Liste ZL. Wir nehmen hier der Einfachheit halber an, daß die zu sortierenden Objekte Zahlen sind.

```
PR EINORDNUNG :X :ZL
 WENN :ZL = [] DANN RG (LISTE :X)
 PRÜFE :X > ERSTES :ZL
 WENNWAHR RÜCKGABE MITERSTEM :X :ZL
 WENNFALSCH RÜCKGABE MITERSTEM ERSTES :ZL ...
                                ... EINORDNUNG :X OHNEERSTES :ZL
ENDE

? EINORDNUNG 5 [7 6 3 2 1]
ERGEBNIS: [7 6 5 3 2 1]
```

Beim gesamten Sortiervorgang wird eine Quelliste QL Element um Element abgebaut und dieses jeweils in die Zielliste ZL eingeordnet:

	QL	ZL	
	[5 3 7 1]	[]	
	[3 7 1]	[5]	
OHNEERSTES	[7 1]	[5 3]	EINORDNUNG
	[1]	[7 5 3]	
	[]	[7 5 3 1]	

Zu Beginn enthält QL die zu sortierende Liste, ZL ist leer. Das Sortieren ist beendet, wenn QL leer geworden ist.

```
PR SORT.EIN.T :L
 RÜCKGABE SORT.EIN.1 :L []
ENDE

PR SORT.EIN.1 :QL :ZL
 WENN :QL = [] DANN RÜCKGABE :ZL
 RÜCKGABE SORT.EIN.1 OHNEERSTES :QL ...
                   ... EINORDNUNG (ERSTES :QL) :ZL
ENDE
```

Wir gehen nun vom Tabellendenken auf eine rein funktionale Vorstellung über. Die durch Einordnen entstandene sortierte Liste SORT.EIN einer Liste L kann folgendermaßen beschrieben werden:

- Wenn L leer ist, so gibt es nichts zu sortieren; der Funktionswert ist die leere Liste.
- Ansonsten entsteht der Funktionswert dadurch, daß man das erste Element von L in den bereits sortierten Rest von L einordnet.

```
PR SORT.EIN :L
 WENN :L = [] DANN RÜCKGABE []
 RÜCKGABE EINORDNUNG ERSTES :L ...
                    ... SORT.EIN OHNEERSTES :L
ENDE

? SORT.EIN [5 3 7 1]
ERGEBNIS: [7 5 3 1]
```

Die Fassung des Sortierprogrammes mit zwei Listen mag den Vorteil haben, daß sie von einer Verlaufsvorstellung aus besser zu verstehen ist. Die andere Fassung ist jedoch eleganter und übersichtlicher; sie kann durch eine statische Argumentation klarer als fehlerfrei erkannt werden.

2.3.2 Sortieren durch Ermitteln des Maximums

Die Idee dieses Verfahrens ist, daß aus einer vorgegebenen Quellliste QL jeweils das größte Element herausgenommen und an eine Zielliste ZL angefügt wird.

Wir haben also als erste Aufgabe das Maximum in einer vorgegebenen Liste zu bestimmen.

```
PR MAX :L
 WENN :L = [] DANN DZ [FEHLER] AUSSTIEG
 WENN OHNEERSTES :L = [] DANN RÜCKGABE ERSTES :L

 PRÜFE ERSTES :L < ERSTES OHNEERSTES :L
 WENNWAHR RÜCKGABE MAX OHNEERSTES :L
 WENNFALSCH RÜCKGABE MAX MITERSTEM ERSTES :L ...
                          ... OHNEERSTES OHNEERSTES :L
ENDE

? MAX [7 3 5 9 1 4]
ERGEBNIS: 9
```

Die Vorstellung dabei ist, daß immer das erste Element von L mit dem zweiten (ERSTES OHNEERSTES :L) verglichen wird. Das größere der beiden wird danach erstes Element der um das andere Element reduzierten Liste.

Ein Beispiel mit der Tabellenvorstellung für dieses Sortierverfahren sieht etwa so aus (zu STREICH1 vgl. 2.1 oder 8.5):

	QL	ZL	
	[5 3 7 1]	[]	
STREICH1 ↓	[5 3 1]	[7]	MITLETZTEM ↑
	[3 1]	[7 5]	
	[1]	[7 5 3]	
	[]	[7 5 3 1]	

Damit wird die Tabellenfassung dieses Verfahrens

```
PR SORT.MAX.T :L
 RÜCKGABE SORT.MAX.1 :L []
ENDE

PR SORT.MAX.1 :QL :ZL
 LOKAL "M

 WENN :QL = [] DANN RÜCKGABE :ZL
 SETZE "M MAX :QL
 RÜCKGABE SORT.MAX.1 STREICH1 :M :QL ...
                 ... MITLETZTEM :M :ZL
ENDE
```

Bei einer rein funktionalen Vorstellung ergibt sich

```
PR SORT.MAX :L
 LOKAL "M

 WENN :L = [] DANN RÜCKGABE []
 SETZE "M MAX :L
 RÜCKGABE MITERSTEM :M ...
                ... SORT.MAX STREICH1 :M :L
ENDE
```

2.3.3 Sortieren durch Austauschen

Beim Sortieren durch Austauschen (bubble sort) werden von hinten her die Elemente paarweise verglichen: ist ihre Reihenfolge richtig bezüglich der angestrebten Ordnung, so bleiben sie liegen, anderenfalls werden sie vertauscht. Bei fortlaufender Vertauschung von hinten her wandert das größte Element soweit nach vorn, bis es seinen Platz einnimmt. Das Austauschen von Paaren stellt also für einen Durchlauf ein Verfahren zum Bestimmen des Maximums dar, das dabei zum ersten Element der Liste wird:

```
? BUBBLE [7 3 5 9 1 4]
ERGEBNIS: [9 7 3 5 1 4]
```

```
PR BUBBLE :L
 WENN :L = [] DANN DZ [FEHLER] AUSSTIEG
 WENN OHNEERSTES :L = [] DANN RÜCKGABE :L

 PRÜFE LETZTES :L > LETZTES OHNELETZTES :L
 WENNWAHR RÜCKGABE MITLETZTEM LETZTES OHNELETZTES :L ...
                          ... BUBBLE MITLETZTEM LZ :L ...
                                               ... OL OL :L
 WENNFALSCH RÜCKGABE MITLETZTEM LETZTES :L ...
                            ... BUBBLE OHNELETZTES :L
ENDE
```

(Abkürzungen: LZ für LETZTES, OL für OHNELETZTES)

Diese Prozedur ist strukturell ähnlich zur Prozedur MAX in 2.3.2. Die Sortierprozeduren ergeben sich danach analog wie dort

```
PR SORT.AUS.T :L
 RÜCKGABE SORT.AUS.1 :L []
ENDE

PR SORT.AUS.1 :QL :ZL
 LOKAL "B

 WENN :QL = [] DANN RÜCKGABE :ZL
 SETZE "B BUBBLE :QL
 RÜCKGABE SORT.AUS.1 OHNEERSTES :B ...
                 ... MITLETZTEM (ERSTES :B) :ZL
ENDE
```

Die Fassung nach einer voll funktionalen Vorstellung kann daraus fast mechanisch gewonnen werden.

```
PR SORT.AUS :L
 LOKAL "B

 WENN :L = [] DANN RÜCKGABE []
 SETZE "B BUBBLE :L
 RÜCKGABE MITERSTEM ERSTES :B ...
                ... SORT.AUS OHNEERSTES :B
ENDE
```

Man kann auch noch die lokale Variable B einsparen, indem man folgendermaßen schreibt:

```
PR SORT.AUS :L
 WENN :L = [] DANN RÜCKGABE []
 SETZE "L = BUBBLE :L
 RÜCKGABE MITERSTEM ERSTES :B ...
                ... SORT.AUS OHNEERSTES :B
ENDE
```

3 Mathematische Anwendungen von Listen

3.1 Mengen, Listen und Kombinatorik

Bereits im Abschnitt 2.1 wurde ausgeführt, daß der Mengen- und der Listenbegriff gleichermaßen grundlegend für das Problemlösen sind und sich lediglich in der Bedeutung von Ordnung und Wiederholung von Elementen unterscheiden.
Im folgenden sollen aus der Mathematik bekannte Begriffsbildungen wie Potenzmenge, kartesisches Produkt, Menge der Permutationen, die jeweils auf dem Begriff der Menge oder Liste (n-Tupel) beruhen, in Logo konkretisiert werden. Die entwickelten Prozeduren werden danach als Grundtechniken beim Behandeln der kombinatorischen Grundaufgaben herangezogen.
Eine grundlegende Prozedur für das folgende ist ALLE.ME :X :LL, die das Objekt X allen Listen der Listenliste LL als erstes Element (also MITERSTEM) einfügt:

```
PR ALLE.ME :X :LL
 WENN :LL = [] DANN RÜCKGABE []
 RÜCKGABE MITERSTEM (MITERSTEM :X ERSTES :LL) ...
                ... ALLE.ME :X OHNEERSTES :LL
ENDE

? ALLE.ME 5 [[A B] [C D]]
ERGEBNIS: [[5 A B] [5 C D]]
```

3.1.1 Potenzmenge

Wir setzen für die folgende Entwicklung voraus, daß M eine Menge ist, d.h. insbesondere Elemente nicht wiederholt auftreten.
Das Aufbauprinzip der Potenzmenge einer Menge, z.B. für {a,b,c}, aus der Potenzmenge von {b,c} lautet wie folgt: Man füge zu jedem Element der Potenzmenge von {b,c} das Element a hinzu und vereinige die entstehende Menge mit der Potenzmenge von {b,c}:

```
PR POT :L
 LOKAL "P

 WENN :L = [] DANN RÜCKGABE [[]]
 SETZE "P POT OHNEERSTES :L
 RÜCKGABE SATZ (ALLE.ME (ERSTES :L) :P) :P
ENDE

? POT [A B]
ERGEBNIS: [[A B] [A] [B] []]
```

Das Problem der Bestimmung aller k-elementigen Teilmengen einer Menge L kann man auf die Potenzmengenbildung zurückführen. Man muß dazu lediglich alle Listen der Länge K herausfiltern:

```
PR TEILMENGEN :K :L
 WENN :K > LÄNGE :L DANN RÜCKGABE []
 RÜCKGABE FILTER :K POT :L
ENDE

PR FILTER :K :LL
 WENN :LL = [] DANN RÜCKGABE []
 PRÜFE :K = LÄNGE ERSTES :LL
 WENNWAHR RÜCKGABE MITERSTEM ERSTES :LL ...
                        ... FILTER :K (OHNEERSTES :LL)
 WENNFALSCH RÜCKGABE FILTER :K (OHNEERSTES :LL)
ENDE
```

Alle Teilmengen mit mehr als K Elementen werden natürlich dabei unnötigerweise aufgebaut. Wenn man dies vermeiden will, so wird man sich das Aufbauprizip der k-elementigen Teilmengen (analog zu dem der Potenzmenge) bewußt machen: Man füge das erste Element der Menge in alle (k-1)-elementigen Teilmengen von OHNEERSTES :M ein und vereinige die entstehende Menge mit der Menge aller k-elementigen Teilmengen von OHNEERSTES :M:

```
PR K.TEILMENGEN :K :L
 WENN :K = 0 DANN RÜCKGABE [[]]
 WENN :L = [] DANN RÜCKGABE []
 RÜCKGABE SATZ ALLE.ME (ERSTES :L)...
                  ... K.TEILMENGEN (:K-1) (OE :L) ...
          ... K.TEILMENGEN :K (OE :L)
ENDE

? K.TEILMENGEN 3 [A B C D]
ERGEBNIS: [[A B C] [A B D] [A C D] [B C D]]
```

3.1.2 Kartesisches Produkt

Gegeben sei eine Liste A und eine Liste B, gesucht ist die Liste aller Paare (zweielementigen Listen), die aus Elementen von A und B gebildet werden können. Ein Aufbauprinzip, das uns auch noch zu Tripeln und beliebigen n-Tupeln weiterführt, besteht darin, daß jedes Element von A in jedes Element einer Liste von 1-Tupeln, die jeweils ein Element von B enthalten, eingefügt wird:

```
PR EINS.TUPEL :B
 WENN :B = [] DANN RÜCKGABE []
 RÜCKGABE MITERSTEM (LISTE ERSTES :B) ...
                  ... EINS.TUPEL OHNEERSTES :B
ENDE
```

```
PR PAARE :A :B
 WENN :A = [] DANN RÜCKGABE []
 RÜCKGABE SATZ ALLE.ME (ERSTES :A) (EINS.TUPEL :B) ...
          ... PAARE OHNEERSTES :A :B
ENDE

? PAARE [1 2] [A B]
ERGEBNIS: [[1 A] [1 B] [2 A] [2 B]]
```

Die Verallgemeinerung auf Tripel wurde bereits mit dem Aufbauprinzip angedeutet:

```
PR TRIPEL :A :B :C
 WENN :A = [] DANN RÜCKGABE []
 RÜCKGABE SATZ ALLE.ME (ERSTES :A) (PAARE :B :C) ...
          ... TRIPEL (OHNEERSTES :A) :B :C
ENDE

? TRIPEL [1 2] [A B] [X Y]
ERGEBNIS: [[1 A X] [1 A Y] [1 B X] [1 B Y]
           [2 A X] [2 A Y] [2 B X] [2 B Y]]
```

Wenn allgemein eine Liste von Listen A, B, C, ... vorliegt, so ergibt sich:

```
PR TUPEL :LL
 WENN OE :LL = [] DANN RÜCKGABE EINS.TUPEL ERSTES :LL
 WENN ERSTES :LL = [] DANN RÜCKGABE []
 RÜCKGABE SATZ (ALLE.ME (ER ER :LL) TUPEL OE :LL) ...
          ... (TUPEL MITERSTEM (OE ER :LL) OE :LL)
ENDE

? TUPEL [[1 2] [A B] [X Y]]
ERGEBNIS: [[1 A X] [1 A Y] [1 B X] [1 B Y]
           [2 A X] [2 A Y] [2 B X] [2 B Y]]
```

Noch ein anderer Strang von Verallgemeinerungen läßt sich aus der PAARE-Prozedur entwickeln. Wir spezialisieren auf die Paarbildung mit einer einzigen Liste L:

```
PR PAARE1 :L
 RÜCKGABE PAARE :L :L
ENDE
```

und möchten die Paar-, Tripel- und K-Tupelbildung mit einer natürlichen Zahl K steuern:

```
PR K.TUPEL :K :L
 RÜCKGABE K.TUPEL1 :K :L :L
ENDE

PR K.TUPEL1 :K :L1 :L
 WENN :K = 1 DANN RÜCKGABE EINS.TUPEL :L
 WENN :L1 = [] DANN RÜCKGABE []
 RÜCKGABE SATZ (ALLE.ME (ER :L1) (K.TUPEL1 (:K-1) :L :L)) ...
          ... K.TUPEL1 :K (OE :L1) :L
ENDE

? K.TUPEL 3 [A B]
ERGEBNIS: [[A A A] [A A B] [A B A] [A B B]
           [B A A] [B A B] [B B A] [B B B]]
```

3.1.3 Permutationen

Gegeben ist eine Liste verschiedener Elemente, gesucht ist die Liste aller Permutationen dieser Liste. Das Aufbauprizip lautet etwa folgendermaßen: Die Liste aller Permutationen von n Elementen entsteht aus der Permutationsliste von n-1 Elementen, indem man

- in jedes Element der Permutationsliste von n-1 Elementen
- das n-te Element an jeder Stelle einfügt:

```
PR PERM :L
 WENN :L = [] DANN RÜCKGABE [[]]
 RÜCKGABE ÜBERALL (ERSTES :L) ...
              ... PERM OHNEERSTES :L
ENDE
PR ÜBERALL :X :LL
 WENN :LL = [] DANN RÜCKGABE []
 RÜCKGABE SATZ ÜBERALL.ZWISCHEN [] :X (ERSTES :LL) ...
          ... ÜBERALL :X (OHNEERSTES :LL)
ENDE
PR ÜBERALL.ZWISCHEN :L1 :X :L2
 WENN :L2 = [] DANN RÜCKGABE (LISTE SATZ :L1 :X)
 RÜCKGABE MITERSTEM (SATZ :L1 :X :L2) ...
               ... ÜBERALL.ZWISCHEN (ML (ER :L2) :L1) ...
                             ... :X ...
                             ... OHNEERSTES :L2
ENDE
? ÜBERALL.ZWISCHEN [] "X [1 2 3]
ERGEBNIS: [[X 1 2 3] [1 X 2 3] [1 2 X 3] [1 2 3 X]]
? ÜBERALL "X [[1 2] [3 4]]
ERGEBNIS: [[X 1 2] [1 X 2] [1 2 X]
           [X 3 4] [3 X 4] [3 4 X]]
? PERM [1 2 3]
ERGEBNIS: [[1 2 3] [2 1 3] [2 3 1]
           [1 3 2] [3 1 2] [3 2 1]]
```

Die Prozedur ÜBERALL ist analog zu ALLE.ME gebaut. ÜBERALL.ZWISCHEN hat zwei Listen L1 und L2 als Zerlegung der Gesamtliste. Beim Aufruf ist L1 leer. Beim Abbruch ist L2 leer; dazwischen wird Element um Element von L2 nach L1 verschoben und jeweils die entsprechende Permutation durch Einfügen von X gebildet.

3.1.4 Grundaufgaben der Kombinatorik

Teilmengenbildung, Tupelbildung und Permutieren stellen jeweils kombinatorische Techniken dar, die wir auf einige Grundaufgaben der Kombinatorik anwenden wollen.

Gegeben ist eine Grundmenge G mit n Elementen, gesucht sind alle Kombinationen von k dieser Elemente, wobei als Gesichtspunkte für die Grundaufgaben

- die Wiederholung von Elementen und
- die Ordnung der Elemente

betrachtet werden:

		Wiederholung ohne	Wiederholung mit
Ordnung	ohne	I k-elementige Teilmengen	IV
Ordnung	mit	III	II k-elementige Listen (k-Tupel)

Wir wollen weder für die Bildungen bei II und III Begriffe, noch für die Grundaufgaben eine Terminologie verwenden, da beides in der Literatur uneinheitlich ist. Alle diese kombinatorischen Bildungen werden hier durch Listen dargestellt. Die Erzeugung aller jeweiligen Kombinationen läßt sich im wesentlichen mit den bisher beschriebenen Prozeduren erreichen.

Grundaufgabe I

Kombinationen ohne Ordnung, ohne Wiederholung

Es handelt sich um alle K-elementigen Teilmengen der Liste L (vgl. 3.1.1):

```
PR KOMB.OW.OO :K :L
 RÜCKGABE K.TEILMENGEN :K :L
ENDE
```

Grundaufgabe II

Kombinationen mit Ordnung, mit Wiederholung

Es handelt sich um alle K-elementigen Listen (K-Tupel), die sich aus Elementen von L bilden lassen (vgl. 3.1.2):

```
PR KOMB.MW.MO :K :L
 RÜCKGABE K.TUPEL :K :L
ENDE
```

Grundaufgabe III

Kombinationen mit Ordnung, ohne Wiederholung

Man kann alle diese Listen dadurch erhalten, daß man zu jeder Teilmenge aus der Liste K.TEILMENGEN :K :L alle Permutationen bildet:

```
PR KOMB.OW.MO :K :L
 RÜCKGABE ALLE.PERM K.TEILMENGEN :K :L
ENDE

PR ALLE.PERM :LL
 WENN :LL = [] DANN RÜCKGABE []
 RÜCKGABE SATZ PERM (ERSTES :LL) ...
          ... ALLE.PERM OHNEERSTES :LL
ENDE

? KOMB.OW.MO 2 [A B C]
ERGEBNIS: [[A B] [B A] [A C] [C A] [B C] [C B]]
```

Grundaufgabe IV

Kombinationen ohne Ordnung, mit Wiederholung

Diese Grundaufgabe läßt sich mit analogen Überlegungen wie bei der Grundaufgabe I in 3.1.1 lösen; d.h. es liegt dasselbe Aufbauprinzip wie beim Bestimmen der K-elementigen Teilmengen zugrunde. Der einzige Unterschied besteht darin, daß beim Anfügen des ersten Elements die Liste L nicht mit OHNEERSTES abgebaut wird:

```
PR KOMB.MW.OO :K :L
 WENN :K = 0 DANN RÜCKGABE [[]]
 WENN :L = [] DANN RÜCKGABE []
 RÜCKGABE SATZ (ALLE.ME (ERSTES :L) KOMB.MW.OO (:K-1) :L) ...
          ... KOMB.MW.OO :K OHNEERSTES :L
ENDE

? KOMB.MW.OO 3 [A B C]
ERGEBNIS: [[A A A] [A A B] [A A C] [A B B] [A B C]
           [A C C] [B B B] [B B C] [B C C] [C C C]]
```

3.2 Fortsetzung von Zahlenfolgen

Listen sind mathematisch äquivalent mit endlichen Folgen. Sie eignen sich daher ausgesprochen gut für die Behandlung entsprechender Problemzusammenhänge. Eine einfache Grundaufgabe besteht etwa darin, alle Glieder einer Folge mit explizit gegebenem Bildungsgesetz zwischen einer unteren und oberen Indexgrenze zu erzeugen. Das Bildungsgesetz stellen wir uns als einen Term vor, in dem der Index n in numerische Operationen eingebunden ist, z.B.

$$\frac{n-1}{n} \quad \text{oder} \quad \text{int}\,(\,n\cdot\sqrt{n^2-1}\,)\,.$$

Die folgende Prozedur GENERIERE erzeugt alle Folgenglieder zu einem vorgegebenen Term zwischen den anfangs eingegebenen Indizes :N und :M. Das Ergebnis ist als Liste zusammengefaßt.

```
PR GENERIERE :TERM :N :M
 WENN :N > :M DANN RÜCKGABE []
 RÜCKGABE MITERSTEM (TUE :TERM) ...
                    ... GENERIERE :TERM (:N+1) :M
ENDE

? GENERIERE [(:N*:N - 1)/:N] 1 5
ERGEBNIS: [0 1.5 2.6667 3.75 4.8]

? GENERIERE [INT :N*(QW :N*:N - 1)] 5 10
ERGEBNIS: [24 35 48 63 80 99]
```

Die eingegebene Termliste (TERM) wird durch die Funktion TUE "evaluiert", d.h. sie wird so ausgeführt, als ob es sich um eine Eingabe von der Kommandoebene aus handelte. Die Termliste kann neben der Variablen N, Zahlen und (numerischen) Logo-Grundoperationen auch vom Benutzer definierte Prozedurnamen enthalten. So wird auch die Darstellung von Folgen mit rekursivem Bildungsgesetz möglich. Das folgende Beispiel verwendet die Fibonaccifolge:

```
PR FIBO :N
 WENN EINES? (:N = 1) (:N = 2) DANN RÜCKGABE 1
 RÜCKGABE (FIBO :N-1) + (FIBO :N-2)
ENDE

? GENERIERE [FIBO :N] 1 10
ERGEBNIS: [1 1 2 3 5 8 13 21 34 55]
```

3.2.1 Arithmetische Folgen höherer Ordnung

Die Klasse der "arithmetischen Folgen höherer Ordnung" ist dadurch gekennzeichnet, daß ihr Bildungsgesetz durch ein Polynom in n dargestellt werden kann:

$$a_p n^p + a_{p-1} n^{p-1} + \ldots + a_1 n + a_0$$

Aus der Differenzenrechnung ist bekannt, daß die p-fach iterierte Differenzenfolge einer solchen arithmetischen Folge der Ordnung p konstant ist (vgl. z.B. v.Mangoldt-Knopp,I,S.56ff).

So gilt beispielsweise für

$$a_n = n^3 - n^2 + 1$$

n	1	2	3	4	5	6 ...
a_n	1	5	19	49	101	181 ...
$\Delta^1(a_n)$	4	14	30	52	80 ...	
$\Delta^2(a_n)$	10	16	22	28 ...		
$\Delta^3(a_n)$	6	6	6 ...			

Die Logo-Prozedur DELTA1 entspricht der einfachen Differenzenbildung für eine endliche Folge (Liste), die Verallgemeinerung auf iterierte Differenzenfolgen geschieht durch DELTA:

```
PR DELTA1 :L
 WENN :L = [] DANN RÜCKGABE []
 WENN OHNEERSTES :L = [] DANN RÜCKGABE []
 RÜCKGABE MITERSTEM (ERSTES OHNEERSTES :L) - (ERSTES :L) ...
                  ... DELTA1 OHNEERSTES :L
ENDE

? DELTA1 [1 5 19 49 101 181]
ERGEBNIS: [4 14 30 52 80]

? DELTA1 DELTA1 [1 5 19 49 101 181]
ERGEBNIS: [10 16 22 28]

PR DELTA :ORD :L
 WENN :ORD = 0 DANN RÜCKGABE :L
 RÜCKGABE DELTA :ORD-1 DELTA1 :L
ENDE

? DELTA 3 [1 5 19 49 101 181]
ERGEBNIS: [6 6 6]

? DELTA 3 GENERIERE [:N*:N*:N*:N - 5*:N*:N + 3] 1 7
ERGEBNIS: [60 84 108 132]
```

Eine arithmetische Folge der Ordnung p läßt sich ohne explizite Kenntnis des Polynoms beliebig weit extrapolieren, wenn wenigstens p+1 aufeinanderfolgende Folgenglieder bekannt sind. Es gilt sogar noch weitergehend: Jede Folge aus p+1 Gliedern läßt sich als arithmetische Folge der Ordnung p auffassen und entsprechend extrapolieren (vgl. Mangoldt-Knopp,Bd.I,S.156ff). Als Verfahren bietet es sich an, die Differenzenbildung so lange zu iterieren, bis die Differenzenfolge konstant ist. Indem man diese Differenzenfolge um die gewünschte Zahl von Gliedern verlängert und das Differenzenschema nach oben vervollständigt, läßt sich auch die ursprüngliche Folge entsprechend fortsetzen:

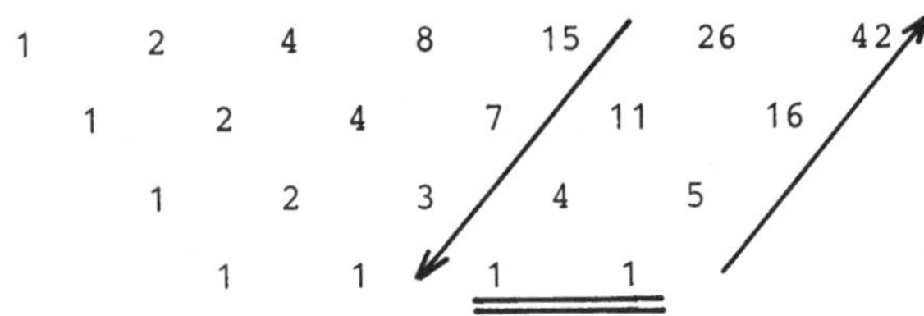

Genau dies leisten die nachfolgend dargestellten Prozeduren. Dabei dient das Prozedurpaar KONST? und ERG.KONST der Erkennung und Fortsetzung einer konstanten Folge; ERG.ARIT dient der Vervollständigung des Differenzierschemas. ERGÄNZE fügt als Oberprozedur N Glieder an die Folge L an:

```
PR ERGÄNZE :N :L
 WENN KONST? :L DANN RÜCKGABE ERG.KONST :N :L
 RÜCKGABE ERG.ARIT :N :L (ERGÄNZE :N DELTA1 :L)
ENDE

PR KONST? :L
 WENN :L = [] DANN RÜCKGABE "WAHR
 WENN OHNEERSTES :L = [] DANN RÜCKGABE "WAHR
 WENN NICHT? (ERSTES :L) = (LETZTES :L) DANN RÜCKGABE "FALSCH
 RÜCKGABE KONST? OHNEERSTES :L
ENDE

? KONST? [2 2 2 2]
ERGEBNIS: WAHR

? KONST? [2 2 3 2]
ERGEBNIS: FALSCH

PR ERG.KONST :N :L
 WENN :N = 0 DANN RÜCKGABE :L
 RÜCKGABE ERG.KONST :N-1 MITLETZTEM (LETZTES :L) :L
ENDE

? ERG.KONST 4 [2 2 2]
ERGEBNIS: [2 2 2 2 2 2 2]

PR ERG.ARIT :N :L :DL
 LOKAL "HILF

 WENN :N = 0 DANN RÜCKGABE :L
 SETZE "HILF ERG.ARIT :N-1 :L (OHNELETZTES :DL)
 RÜCKGABE MITLETZTEM (LETZTES :HILF) + (LETZTES :DL) :HILF
ENDE

? ERGÄNZE 3 [1 4 9]
ERGEBNIS: [1 4 9 16 25 36]

? ERGÄNZE 3 [1 2 4 8]
ERGEBNIS: [1 2 4 8 15 26 42]

? ERGÄNZE 3 [0 6 24 60 120]
ERGEBNIS: [0 6 24 60 120 210 336 504]
```

3.2.2 Andere Fortsetzungsstrategien für Differenzenfolgen

Die Prozedur ERGÄNZE in der vorliegenden Form führt das Problem der Fortsetzung einer Folge grundsätzlich auf die Konstanz einer Zeile im Differenzschema zurück, liefert also ausschließlich arithmetische Folgen evtl. höherer Ordnung. Für die Lösung solcher Aufgaben, wie sie als Knobelprobleme oder aus Intelligenztests bekannt sind, empfiehlt es sich weitere Fortsetzungsstrategien hinzuzufügen. Folgende Erweiterungen sollen hier noch dargestellt werden:

- geometrische Folgen 1. Ordnung
  (konstanter Quotient)
- Fibonaccifolgen
  (rekursives Bildungsgesetz: $a_n = a_{n-1} + a_{n-2}$)
- periodische Folgen

Wenn man diese Strategien in die Prozedur ERGÄNZE aufnimmt und dementsprechend auch auf Differenzenfolgen anwendet, lassen sich bereits interessante Resultate erzielen.

Die Prüfung und Anwendung der Fibonaccieigenschaft bzw. der Quotientengleichheit läßt sich ganz analog zu dem Prozedurpaar KONST? und ERG.KONST formulieren. Es sollen grundsätzlich nur ganzzahlige Folgen betrachtet werden, weshalb auch das Schema der geometrischen Fortsetzung nur bei ganzzahligen Quotienten angewandt wird.

```
PR GANZ? :Z
 RÜCKGABE :Z = INT :Z
ENDE

? GANZ? 12
ERGEBNIS: WAHR

? GANZ? 5.5
ERGEBNIS: FALSCH

PR GEO? :L
 WENN EL? 0 :L DANN RÜCKGABE "FALSCH
 WENN NICHT? GANZ? (ERSTES OHNEERSTES :L)/ ERSTES :L ...
   ... DANN RÜCKGABE "FALSCH
 RÜCKGABE KONST? QUOT.LISTE :L
ENDE
```

(QUOT.LISTE wird analog zu DELTA1 geschrieben, wobei "/" für "-" zu setzen ist.)

```
? GEO? [1 2 4 8 16]
ERGEBNIS: WAHR

? GEO? [1 2 4 8 15]
ERGEBNIS: FALSCH
```

Unter der Voraussetzung, daß GEO? :L wahr ist und L mindestens zwei Elemente enthält, ist die folgende Ergänzungsstrategie anwendbar:

```
PR ERG.GEO :N :L
 WENN :N = 0 DANN RÜCKGABE :L
 RÜCKGABE ERG.GEO :N - 1 ...
              ... ML (LZ :L)*(DIV (LZ :L) (LZ OL :L)) ...
                 ... :L
ENDE

? ERG.GEO 3 [1 2 4 8]
ERGEBNIS: [1 2 4 8 16 32 64]
```

Für die Fibonacci-Strategie kann man analoge Prozeduren schreiben:

```
PR FIBO? :L
 WENN (LÄNGE :L) < 3 DANN RÜCKGABE "WAHR
 WENN NICHT? (EL 3 :L) = (EL 1 :L) + (EL 2 :L) ...
  ... DANN RÜCKGABE "FALSCH
 RÜCKGABE FIBO? OHNEERSTES :L
ENDE

? FIBO? [1 1 2 3 5 8 13]
ERGEBNIS: WAHR

PR ERG.FIBO :N :L
 WENN :N = 0 DANN RÜCKGABE :L
 RÜCKGABE ERG.FIBO :N - 1 ...
              ... MITLETZTEM (LZ :L)+(LZ OL :L) :L
ENDE

? ERG.FIBO 3 [1 1 2]
ERGEBNIS: [1 1 2 3 5 8]
```

Erheblich aufwendiger als die bisher behandelten Fälle ist die Konstruktion eines Periodenerkenners und -fortsetzers. Die nachstehend beschriebene Lösung beruht auf folgenden Modularisierungen:

- Bestimmung der Stelle oder Platznummer (Index), an der ein gegebenes Element :E in einer Liste :L erstmals auftritt, durch die Prozedur INDEX. Als Startwert für den Zähler :IND ist 1 zu setzen.
- IND.LISTE verlangt als Eingabe eine Liste und gibt die Liste der Indizes aller ihrer Elemente bezüglich der Restliste rechts von dem betreffenden Element zurück.
- PERI? prüft, ob eine Liste :L die Periode :P aufweist.
- Die Oberprozedur PERI ermittelt die Periodenlänge einer eingegebenen Liste; im nichtperiodischen Fall wird 0 zurückgegeben. Es wird dazu die Hypothese überprüft, ob das Maximum der Indexliste als Periode in Frage kommt.
- ERG.PERI enthält das Ergänzungsverfahren bei bekannter Periode :P.

```
PR INDEX :E :L :IND
 WENN :L = [] DANN RÜCKGABE 0
 WENN :E = ERSTES :L DANN RÜCKGABE :IND
 RÜCKGABE INDEX :E (OHNEERSTES :L) (:IND + 1)
ENDE

? INDEX 5 [1 2 5 3 4 5 6] 1
ERGEBNIS: 3

PR IND.LISTE :L
 WENN :L = [] DANN RÜCKGABE []
 RÜCKGABE MITERSTEM (INDEX ERSTES :L OHNEERSTES :L 1) ...
                 ... IND.LISTE OHNEERSTES :L
ENDE

? IND.LISTE [1 2 3 1 2 3 1 2 3]
ERGEBNIS: [3 3 3 3 3 3 0 0 0]

PR PERI? :P :L
 WENN (LÄNGE :L) < :P+1 DANN RÜCKGABE "WAHR
 WENN NICHT? (ERSTES :L) = (EL :P+1 :L) DANN RG "FALSCH
 RÜCKGABE PERI? :P OHNEERSTES :L
ENDE

? PERI? 3 [1 2 3 1 2 3 1 2 3]
ERGEBNIS: WAHR

PR PERI :L
 LOKAL "M

 SETZE "M MAX IND.LISTE :L
 WENN PERI? :M :L DANN RÜCKGABE :M SONST RÜCKGABE 0
ENDE
```

(Die Prozedur MAX bestimmt das Maximum in der Liste,vgl. 8.5)

```
? PERI [1 2 3 1 2 3 1 2 3]
ERGEBNIS: 3

PR ERG.PERI :N :P :L
 WENN :N = 0 DANN RÜCKGABE :L
 RÜCKGABE ERG.PERI (:N-1) :P ...
                 ... MITLETZTEM (EL 1 + (LÄNGE :L) - :P :L)...
                               ... :L
ENDE

? ERG.PERI 6 3 [1 2 3 1 2 3]
ERGEBNIS: [1 2 3 1 2 3 1 2 3 1 2 3]
```

Zusammenfassung

Die Prozedur ERGÄNZE wird nunmehr mit den weiteren Ergänzungsstrategieen ausgebaut:

```
PR ERGÄNZE :N :L
 LOKAL "P

 WENN (LÄNGE :L) > 3 DANN ...
   ... WENN FIBO? :L DANN RÜCKGABE ERG.FIBO :N :L
```

```
 WENN (LÄNGE :L) > 2 DANN ...
  ... WENN GEO? :L DANN RÜCKGABE ERG.GEO :N :L
 WENN KONST? :L DANN RÜCKGABE ERG.KONST :N :L
 SETZE "P PERI :L
 WENN NICHT? :P = 0 DANN RÜCKGABE ERG.PERI :N :P :L
 RÜCKGABE ERG.ARIT :N :L (ERGÄNZE :N DELTA1 :L)
ENDE

? ERGÄNZE 3 [1 2 1 3 1 2]
ERGEBNIS: [1 2 1 3 1 2 1 3 1]
? ERGÄNZE 5 [2 3 10 15 26]
ERGEGNIS: [2 3 10 15 26 35 50 63 82 99]
? ERGÄNZE 5 [2 -1 1 0 1]
ERGEBNIS: [2 -1 1 0 1 1 2 3 5 8]
? ERGÄNZE 3 [3 8 23 68]
ERGEBNIS: [3 8 23 68 203 608 1823]
? ERGÄNZE 3 [1 12 123 1234 12345]
ERGEBNIS: [1 12 123 1234 12345 123456 1234567 12345678]
? ERGÄNZE 3 [1 2 3 4 5 8 7 16]
ERGEBNIS: [1 2 3 4 5 8 7 16 185 1054 3995]
```

Es ist offensichtlich, daß der "Folgenfortsetzer" einige wichtige Schemata, z.B. die Folge der Primzahlen nicht erkennt. Dem ist allerdings leicht abzuhelfen, indem man ein Prozedurpaar PRIM.FOLGE? und ERG.PRIM hinzunimmt. Einen prinzipiellen Mangel zeigt das letzte Beispiel: Eine Zerlegung der Folge in die Teilfolgen [1 3 5 7] und [2 4 8 16] hätte eine näherliegende Lösung erbracht. Hier hingegen wird das Schema angewandt, das immer funktioniert: Fortsetzung durch eine arithmetische Folge höherer Ordnung.

Um im erwähnten Fall Abhilfe zu schaffen, müßte man eine grundsätzlich neue Strategie anwenden; etwa dadurch, daß man die arithmetische Fortsetzung in solchen Fällen unterdrückt, wo die konstante Differenzenfolge nur noch aus einem Element besteht und stattdessen Teilfolgen modulo 2, 3, usw. betrachtet. Damit würde übrigens die Periodenerkennung überflüssig. Es sei dem Leser überlassen, die Prozedur ERGÄNZE in diesem Sinne oder anders zu vervollkommnen.

4 Grammatikprobleme

Logo ist besonders gut geeignet grammatische Strukturen darzustellen und zu manipulieren. Wir wollen dies an drei größeren Beispielen demonstrieren, wobei eines mit einer natürlichen Sprache am Anfang stehen soll.

4.1 Generieren spanischer Sätze

Ein wesentliches Problem beim Erlernen romanischer Sprachen stellen die Verbformen dar. So findet man etwa in spanischen Sprachübungen Aufgabenstellungen, die nichts anderes verlangen, als die korrekte Form eines bestimmten Verbs in einen vorgegebenen Satz einzusetzen. Wir wollen im folgenden Sätze generieren und dabei korrekte Verbformen erzeugen, wobei wir uns allerdings auf die Formen des Indikativ Präsens beschränken.

4.1.1 Bildung spanischer Verbformen

Im Spanischen gibt es, wie in anderen romanischen Sprachen, eine kleine Klasse von Verben mit unregelmäßiger Präsensbildung, die aber sehr häufig gebraucht werden, z.B.

ser: soy, eres, es, somos, sois, son
(sein: ich bin, du bist, ...)

oder

ir: voy, vas, va, vamos, vais, van
(gehen: ich gehe, du gehst, ...)

Übrigens können im Spanischen die Verbformen ohne entsprechende Personalpronomina (yo, tu, el/ella/lo, nostros, vostros, ellos/ ellas) stehen.
Neben den echt unregelmäßigen gibt es im Spanischen eine Klasse von Verben, die in wohldefinierten Fällen eine Stammänderung aufweisen. Im Präsens handelt es sich dabei um alle Formen außer der ersten und zweiten Person Plural, wie etwa bei

probar: pr<u>ue</u>bo, pr<u>ue</u>bas, pr<u>ue</u>ba, probamos, probais, pr<u>ue</u>ban
(erproben: ich erprobe, du erprobst, ...)

Nach den Infinitivendungen lassen sich grundsätzlich drei Typen von Verben unterscheiden: die auf -ar, die auf -er und die auf -ir.

Die zugehörigen Präsensendungen lauten:

-ar: -o, -as, -a, -amos, -ais, -an

-er: -o, -es, -e, -emos, -eis, -en

-ir: -o, -es, -e, -imos, -is, -en.

Diese Voraussetzungen werden im Programm durch global definierte Listen repräsentiert. Dabei wird den echt unregelmäßigen Verben jeweils eine vollständige Liste der Präsensformen als Wort zugeordnet:

```
SETZE "SER [SOY ERES ES SOMOS SOIS SON]
SETZE "ESTAR [ESTOY ESTAS ESTA ESTAMOS ESTAIS ESTAN]
SETZE "IR [VOY VAS VA VAMOS VAIS VAN]
SETZE "HACER [HAGO HACES HACE HACEMOS HACEIS HACEN]
SETZE "TENER [TENGO TIENES TIENE TENEMOS TENEIS TIENEN]
SETZE "TRAER [TRAIGO TRAES TRAE TRAEMOS TRAEIS TRAEN]
```

Die Verben mit einfacher Stammänderung können wir in einer einzigen Liste festhalten:

```
SETZE "ST.ÄNDERUNGEN [[PROBAR PRUEB] [DEFENDER DEFIEND] ...
      ... [QUERER QUIER] [DORMIR DUERM] [ENTENDER ...
      ... ENTIEND] [VOLVER VUELV] [DEMOSTRAR DEMUESTR]]
```

Außerdem benötigem wir die regelmäßigen Endungen:

```
SETZE "AR.ENDUNGEN [O AS A AMOS AIS AN]
SETZE "ER.ENDUNGEN [O ES E EMOS EIS EN]
SETZE "IR.ENDUNGEN [O ES E IMOS IS EN]
```

Es sollen nun korrekte Sätze der Form

<Subjekt> <Verbform> <Rest>

gebildet werden, wobei das Verb zunächst im Infinitiv vorliegt. Dazu ist es notwendig, die Person des Subjekts zu bestimmen.
Wir möchten eine Funktion PERSON schreiben, die auf Eingabe einer Subjektliste eine Zahl ausgibt, und zwar:

1 für 1. Person, 2 für 2. Person, 3 für 3. Person Singular,

4 für 1. Person, 5 für 2. Person, 6 für 3. Person Plural.

Dabei wollen wir folgende Fälle erfassen:

- Subjektliste beginnt mit einem Personalpronomen. Dabei gibt es Schwierigkeiten in der zweiten Person, da man in der Schreibweise ohne Akzent zwischen "tú" (du) und "tu" (dein) nicht unterscheiden kann. Wir setzen voraus, daß "du" nur allein in der Subjektliste vorkommt.
- Subjektliste enthält eine Aufzählung mit "und" ("y", "e") bzw. "oder" ("o", "u").

- Subjektliste beginnt mit einem Wort im Plural (Endung: "s").

```
PR PERSON :S
 WENN (ER :S) = "YO DANN RÜCKGABE 1
 WENN :S = [TU] DANN RÜCKGABE 2
 WENN (ER :S) = "NOSOTROS DANN RÜCKGABE 4
 WENN (ER :S) = "VOSOTROS DANN RÜCKGABE 5
 WENN NICHT? (SCHNITT :S [Y E O U]) = [] DANN RÜCKGABE 6
 WENN (LZ ER :S) = "S DANN RÜCKGABE 6 ...
                  ... SONST RÜCKGABE 3
ENDE
```

(Mengenoperation DurchSCHNITT aus 2.1)

```
? PERSON [JUAN E INES]
ERGEBNIS: 6

? PERSON [TU AMIGO]         (dein Freund)
ERGEBNIS: 3

? PERSON [VOSOTROS LOS ESPANOLES]
ERGEBNIS: 5

? PERSON [LUIS]
ERGEBNIS: 6
```

Das letzte Beispiel zeigt eine Unzulänglichkeit der Pluralregel bei Eigennamen, die auf "s" enden (etwa Luis, Carlos, Inés). Abhilfe ist möglich,indem man die Zeile

```
WENN NICHT? (SCHNITT :S [CARLOS INES LUIS])= []
```

als vorletzte in die Prozedur PERSON einfügt.

Die nachstehend aufgeführte Prozedur BILDE dient dazu, Sätze mit korrekter Verbform zu bilden. Sie enthält als Eingaben ein Verb in der Grundform (als Wort), eine Subjektliste, sowie eine Liste der restlichen Satzpartikel.

```
PR BILDE :VERB :SUBJ :REST
 LOKAL "P
 SETZE "P PERSON :SUBJ
 RÜCKGABE (SATZ :SUBJ ...
          ... VERBFORM :P ...
                  ... STAMM :VERB ...
                  ... ENDTYP :VERB ...
                  ... KLASSE :VERB ...
          ... :REST)
ENDE
```

Der Stamm eines Verbs ergibt sich durch Weglassen der beiden letzten Buchstaben des Infinitivs; diese beiden Buchstaben bestimmen gerade den Endungstyp:

```
PR STAMM :VERB
 RÜCKGABE OHNELETZTES OHNELETZTES :VERB
ENDE

PR ENDTYP :VERB
 RÜCKGABE WORT (LETZTES OHNELETZTES :VERB) (LETZTES :VERB)
ENDE
```

Die Prozedur KLASSE soll die im Spanischen vorkommenden drei Klassen von Verben unterscheiden:

- die echt unregelmäßigen Verben, die daran erkannt werden, daß sie als global definierter Name vorhanden sind (Rückgabe: IRR#),
- die Verben mit regelmäßiger Stammänderung, die daran erkannt werden, daß sie in der globalen Liste ST.ÄNDERUNGEN vorkommen, wo sie mit SUCHKLASSE gesucht werden (Rückgabe: geänderter Stamm),
- die regelmäßigen Verben als Rest (Rückgabe: REG#).

```
PR KLASSE :VERB
 WENN NAME? :VERB DANN RÜCKGABE "IRR#
 RÜCKGABE SUCHKLASSE :VERB :ST.ÄNDERUNGEN
ENDE

PR SUCHKLASSE :VERB :L
 WENN :L = [] DANN RÜCKGABE "REG#
 PRÜFE :VERB = (ERSTES ERSTES :L)
 WENNWAHR RÜCKGABE LETZTES ERSTES :L
 WENNFALSCH RÜCKGABE SUCHKLASSE :VERB (OHNEERSTES :L)
ENDE

? KLASSE "SER
ERGEBNIS: IRR#

? KLASSE "VOLVER
ERGEBNIS: VUELV

? KLASSE "AMAR
ERGEBNIS: REG#
```

Die Bildung einer Verbform aufgrund der Angaben Person, Stamm, Endungstyp und Klasse folgt den weiter oben beschriebenen Regeln:

```
PR VERBFORM :P :ST :ET :KL
 WENN :KL = "IRR# DANN ...
   ... RÜCKGABE ELEMENT :P (WERT WORT :ST :ET)

 PRÜFE :KL = "REG#
 WENNFALSCH WENN ELEMENT? :P [1 2 3 6] ...
             ... DANN SETZE "ST :KL

 RÜCKGABE WORT :ST ...
           ... ELEMENT :P (WERT WORT :ET ".ENDUNGEN )
ENDE
```

Damit können nun konkrete Satzbildungen vorgenommen werden:

```
? BILDE "SER [JUAN Y MARIA] [COLOMBIANOS]
ERGEBNIS: [JUAN Y MARIA SON COLOMBIANOS]

? BILDE "VOLVER [YO] [A SANTIAGO]
ERGEBNIS: [YO VUELVO A SANTIAGO]

? BILDE "SUFRIR [VOSOTROS LOS CHILENOS] [DE OPRESION]
ERGEBNIS: [VOSOTROS LOS CHILENOS SUFRIS DE OPRESION]
```

4.1.2 Ein "Kurzgeschichten"-Generator

Als weitergehende Anwendung der bisher entwickelten Programmumgebung wollen wir "Kurzgeschichten" (Satzfolgen) nach einem vorgegebenen Schema erzeugen. Dabei sollen einzelne Satzpartikel zufällig ausgewählt werden. Diese zufällige Auswahl eines Elementes aus einer Liste leistet die folgende Prozedur:

```
PR AUSWAHL :L
 RÜCKGABE ELEMENT 1 + (ZUFALLSZAHL LÄNGE :L) :L
ENDE

? AUSWAHL [A B C]
ERGEGNIS: C

? AUSWAHL [A B C]
ERGEBNIS: A
```

Als weitere Hilfsfunktion benötigen wir die Pluralbildung für Substantive und Adjektive; sie umfaßt im Spanischen nur drei Fälle:

```
PR PLURAL :W
 WENN VOKAL? LETZTES :W DANN RÜCKGABE WORT :W "S
 WENN (LETZTES :W) = "Z DANN RÜCKGABE WORT (OL :W) "CES
 RÜCKGABE WORT :W "ES
ENDE
```

(OL Abkürzung für OHNELETZTES)

```
PR VOKAL? :BST
 RÜCKGABE ELEMENT? :BST [A E I O U]
ENDE

? PLURAL "FELIZ
ERGEGNIS: FELICES

? PLURAL "PERSONA
ERGEGNIS: PERSONAS
```

Die Struktur des folgenden Programms mit der Oberprozedur RELATO (Erzählung) ist sehr einfach und bedarf wohl keiner weiteren Erläuterung. Die vorkommenden Wortlisten können nahezu beliebig verändert oder ergänzt werden, wobei lediglich gewisse Funktionalitäten zu beachten sind:

- Die in RELATO ausgewählten Subjekte S1 und S2 sollten personalen Charakter haben.
- EINFÜHRUNG verwendet außer Adjektiven zu "ser" (sein) Verben, die Zustände beschreiben mit entsprechenden Attributen.
- In HANDLUNG werden ein transitives Verb, dazu ein Objekt, eine Konjunktion, ein Verb der Bewegung sowie ein entsprechendes Attribut (Ort oder Zeit) ausgewählt.

- NACHSATZ liefert einen "Sinnspruch" mit abstrakten Begriffen.

```
PR RELATO
 LOKAL "S1 LOKAL "S2

 SETZE "S1 AUSWAHL [[CARLOS] [NOSOTROS LOS TURISTAS] ...
                ... [LA ABUELA DE JORGE] [LOS PERROS] ...
                ... [YO] [PANCHO Y MIMI]]

 SETZE "S2 AUSWAHL [[LOS RICOS] [LUISA] [VOSOTROS] ...
                ... [LA PROFESORA] [TU] [EL GATO]]

 EINFÜHRUNG :S1
 EINFÜHRUNG :S2
 HANDLUNG :S1 :S2
 NACHSATZ
ENDE

PR EINFÜHRUNG :S
 LOKAL "ADJ LOKAL "V LOKAL "ATR

 SETZE "ADJ AUSWAHL [FELIZ TRISTE INOCENTE AGRADABLE DEBIL]
 SETZE "V   AUSWAHL [VIVIR COMER TRABAJAR ESTUDIAR DORMIR]
 SETZE "ATR AUSWAHL [[MUY POCO] [SIN PENSAR] DEMASIADO ...
                ... [COMO LOS CHANCHOS] [CON GRANDES ...
                ... PROBLEMAS]]

 WENN (PERSON :S) > 3 DANN SETZE "ADJ PLURAL :ADJ
 DRUCKEZEILE (SATZ (BILDE "SER :S :ADJ) ...
               ... "Y ...
               ... (OHNE (LÄNGE :S) (BILDE :V :S :ATR)))
ENDE
```

Die in EINFÜHRUNG bei der Satzbildung verwendete Hilfsprozedur OHNE dient dazu, im zweiten Hauptsatz das Subjekt zu streichen. (Wieso genügt nicht einfach OHNEERSTES?)

```
PR OHNE :N :L
 WENN :L = [] DANN RÜCKGABE []
 WENN :N = 0 DANN RÜCKGABE :L
 RÜCKGABE OHNE (:N-1) (OHNEERSTES :L)
ENDE

? OHNE 3 [A B C D E F]
ERGEBNIS: [D E F]
```

Es fehlen noch die Prozduren HANDLUNG und NACHSATZ:

```
PR HANDLUNG :S1 :S2
 LOKAL "V1 LOKAL "OBJ LOKAL "KONJ LOKAL "V2 LOKAL "ATR

 SETZE "V1 AUSWAHL [COMPRAR QUERER ODIAR OLVIDAR DEFENDER]
 SETZE "OBJ AUSWAHL [[MUCHO DINERO] [LA CASA VERDE] [EL ...
                 ... AUTO DEL PAPA] [A LA HERMANA DE LUIS]]
 SETZE "KONJ AUSWAHL [MIENTRAS CUANDO PORQUE AUNQUE]
 SETZE "V2 AUSWAHL [VIAJAR VOLVER IR PARTIR LLEGAR]
 SETZE "ATR AUSWAHL [[A LA PAZ] [EN SEGUIDA] [DE BOGOTA] ...
                 ... [LA SEMANA QUE VIENE] [A EUROPA]]

 DRUCKEZEILE (SATZ (BILDE :V1 :S1 :OBJ) ...
              ... ", :KONJ ...
              ... (BILDE :V2 :S2 :ATR))
ENDE
```

```
PR NACHSATZ
 LOKAL "EINL LOKAL "S LOKAL "V LOKAL "OBJ
 SETZE "EINL AUSWAHL [[NO OBSTANTE] [POR FIN] [POR ESO] ...
             ... [SIN EMBARGO]]
 SETZE "S    AUSWAHL [[EL GRAN MISTERIO] [ESAS COSAS] ...
             ... [LOS PROBLEMAS DE MANANA] [EL RESTO]]
 SETZE "V    AUSWAHL [HACER TENER DEMOSTRAR SER PROBAR]
 SETZE "OBJ  AUSWAHL [[LA VERDAD] [LO CONTRARIO] [LO ...
             ... IMPOSIBLE] [LA NECESIDAD DEL PRESENTE]]
 DRUCKEZEILE (SATZ :EINL (BILDE :V :S :OBJ))
ENDE
```

Zum Schluß noch zwei Beispiele mit Übersetzung:

```
?RELATO
LA ABUELA DE JORGE ES AGRADABLE Y
TRABAJA SIN PENSAR
LOS RICOS SON DEBILES Y DUERMEN MUY
POCO
LA ABUELA DE JORGE QUIERE LA CASA VERDE,
CUANDO LOS RICOS VAN A EUROPA
POR FIN ESAS COSAS PRUEBAN LA VERDAD
```

(Die Großmutter von Jorge ist angenehm und arbeitet ohne zu denken/ Die Reichen sind schwach und schlafen sehr wenig/ Die Großmutter von Jorge möchte das grüne Haus, wenn die Reichen nach Europa gehen/ Am Ende beweisen diese Dinge die Wahrheit)

```
?NACHSATZ
SIN EMBARGO LOS PROBLEMAS DE MAÑANA
DEMUESTRAN LA NECESIDAD DEL PRESENTE
```

(Nichtsdestoweniger zeigen die Probleme von morgen die Notwendigkeit der Gegenwart)

4.2 Zahlwörter

In diesem Abschnitt werden wir einige allgemeine Aspekte bei der automatischen Bearbeitung von Grammatikproblemen an einem einfachen Beispiel, den deutschen Zahlwörtern, aufzeigen. Es geht dabei um die Grundaufgaben der Syntaxanalyse ("Parsing") und Übersetzung.

4.2.1 Übersetzung einer Zahl in ein Zahlwort

Die Syntaxprüfung für diese Aufgabenstellung ist sehr einfach. Als Eingabeobjekte sind alle dezimal geschriebenen natürlichen Zahlen (einschließlich "null") zugelassen. Das Prädikat "natürliche Zahl" läßt sich durch folgende Logo-Prozedur ausdrücken:

```
PR NAT? :Z
 WENN NICHT? ZAHL? :Z DANN RÜCKGABE "FALSCH
 RÜCKGABE ALLE? (NICHT? :Z < 0) (INT :Z = :Z)
ENDE
```

Die nachstehend beschriebene Prozedur SAGE mit Unterprozedur SAG.1 gibt ein Schema für die Umwandlung einer höchstens sechsstelligen Zahl in ein Zahlwort wieder. Einige Hilfsprozeduren sind dabei noch zu spezifizieren.

```
PR SAGE :Z
 WENN :Z = 0 DANN RÜCKGABE "NULL
 PRÜFE EINES? (NICHT? NAT? :Z) (:Z > 999999)
 WENNWAHR DRUCKEZEILE [UNZULÄSSIGE EINGABE!] AUSSTIEG
 RÜCKGABE SAG.1 :Z
ENDE

PR SAG.1 :Z

 WENN :Z = 1 DANN RÜCKGABE "EINS
 WENN (ER :Z) = 0 DANN RÜCKGABE SAG.1 OHNEERSTES :Z
 WENN :Z < 20 DANN RÜCKGABE EINER :Z

 WENN :Z < 100 DANN ...
   ... WENN (LETZTES :Z) = 0 DANN RÜCKGABE ZEHNER ER :Z ...
        ... SONST RÜCKGABE (WORT (EINER LETZTES :Z) ...
                                  ... "UND ...
                                  ... (ZEHNER ER :Z))

 WENN :Z < 1000 DANN RÜCKGABE (WORT (EINER ER :Z) ...
                                   ... "HUNDERT ...
                                   ... (SAG.1 OE :Z))

 WENN :Z < 2000 DANN RÜCKGABE (WORT "EINTAUSEND ...
                                   ... (SAG.1 OE :Z))

 RÜCKGABE (WORT (SAG.1 OL OL OL :Z) ...
             ... "TAUSEND ...
             ... (SAG.1 ENDSTÜCK 3 :Z))
ENDE
```

Die Hilfsprozedur EINER leistet die Übersetzung einer Zahl zwischen 1 und 19 (einschließlich) in ein Zahlwort. Die Hinzunahme der Zahlen len 10 bis 19 ist sinnvoll, da ihre Bildung nicht dem sonstigen Zehnerschema entspricht und zudem noch weitgehend unregelmäßig ist. Ein weiteres Problem stellt die Behandlung der Ziffer 1 dar. Nur wenn sie am Zahlende auftritt, wird sie mit "eins" übersetzt - dieser Fall ist in SAG.1 abgedeckt, alle anderen Fälle erfordern die die Übersetzung 1 in "ein".

```
PR EINER :Z
 WENN :Z < 13 DANN RÜCKGABE ELEMENT :Z [EIN ZWEI DREI ...
  ... VIER FÜNF SECHS SIEBEN ACHT NEUN ZEHN ELF ZWÖLF]
```

```
 WENN :Z = 16 DANN RÜCKGABE "SECHZEHN
 WENN :Z = 17 DANN RÜCKGABE "SIEBZEHN
 RÜCKGABE WORT (EINER LZ :Z) "ZEHN
ENDE
```

Des weiteren benötigen wir die Übersetzung der vollen Zehner (bei Eingabe der Zehnerziffer):

```
PR ZEHNER :ZZ
 WENN :ZZ = 2 DANN RÜCKGABE "ZWANZIG
 WENN :ZZ = 3 DANN RÜCKGABE "DREISSIG
 WENN :ZZ = 6 DANN RÜCKGABE "SECHZIG
 WENN :ZZ = 7 DANN RÜCKGABE "SIEBZIG
 RÜCKGABE WORT (EINER :ZZ) "ZIG
ENDE
```

Die Hilfsprozedur ENDSTÜCK liefert die letzten N Zeichen der Eingabe als Wort zusammengefaßt:

```
PR ENDSTÜCK :N :WORT
 WENN :WORT = " DANN RÜCKGABE "
 WENN :N = 1 DANN RÜCKGABE LETZTES :WORT
 RÜCKGABE WORT (ENDSTÜCK (:N-1) (OHNELETZTES :WORT)) ...
          ... (LETZTES :WORT)
ENDE

? ENDSTÜCK 5 "ZAHLWORT
ERGEBNIS: LWORT
```

Die Übersetzung von Zahlen zwischen 1000 und 1999 erfordert eine Ausnahmeregel, um Bildungen der Art "einstausend..." zu vermeiden:

```
? SAGE 709
ERGEBNIS: SIEBENHUNDERTNEUN

? SAGE 1311
ERGEBNIS: EINTAUSENDDREIHUNDERTELF

? SAGE 518086
ERGEBNIS: FÜNFHUNDERTACHTZEHNTAUSENDSECHSUNDACHZIG
```

4.2.2 Syntaxprüfer für deutsche Zahlwörter

Durchaus anspruchsvoller als die in 4.2.1 abgehandelte Aufgabenstellung ist das Problem, ein vorgegebenes Wort daraufhin zu prüfen, ob es sich um ein korrekt gebidetes deutsches Zahlwort handelt. Programme zur Syntaxprüfung aufgrund einer bestimmten Grammatik können sehr leicht zur Syntaxanalyse, dem Parsing, erweitert werden. Das hier dargestellte Beispiel zeigt exemplarisch, wie die Lösung des "Parsing"-Problems ein Übersetzungsverfahren fast schon gratis mitliefert.
Damit ein Zahlwort wie "dreitausendvierhundertzwanzig" syntaktisch analysiert werden kann, muß es zunächst in gewisse Grundelemente

zerlegt werden ("Scanning"), die als Ziffern- oder Stellenwertsymbole gedeutet werden können. Wir werden also als erstes einen "Scanner" für Zahlwörter definieren. Nachstehen folgt eine Liste der Grundelemente, die als Teilwörter eines - höchstens sechsstelligen Zahlwortes vorkommen können, sowie ihre Codierung in eine Standardnotation:

Teilwort	Standarddarstellung
EIN, EINS	1
ZWEI	2
.	.
.	.
.	.
ZWÖLF	12
SECHZEHN	16
SIEBZEHN	17
ZWANZIG	[2 Z]
DREISSIG	[3 Z]
SECHZIG	[6 Z]
SIEBZIG	[7 Z]
ZIG	Z
UND	U
HUNDERT	H
TAUSEND	T

Diese Festlegungen werden in einer globalen Datenbasis festgehalten. Bei der Definition einer Liste von Grundelementen (LGE) ist zu beachten, daß die Prüfung auf das Teilwort "DREISSIG" vor der Prüfung auf "DREI" erfolgen muß; d.h. in LGE sollte DREISSIG vor DREI aufgeführt sein.Das Grundelement EINS erfährt wiederum eine gesonderte Behandlung.

```
SETZE "LGE [TAUSEND HUNDERT UND ZIG SIEBZIG ...
        ... SECHZIG DREISSIG ZWANZIG ... usw. ... EIN]
SETZE "TAUSEND "T
SETZE "HUNDERT "H
... usw. ...
```

Die Prozedur ZERLEGE spaltet von einem gegebenen Wort (W) von vorne herkommend elementare Teilwörter (TW) ab und baut dabei eine unverschachtelte Liste von Standardsymbolen auf. Sobald eine solche Zerlegung bei nicht-leerem W nicht möglich ist, wird X zurückgegeben.

Damit liegt bereits ein Kriterium für die Syntaxprüfung vor, denn korrekt gebildete Zahlwörter müssen sich vollständig in die in LGE enthaltenen Teilwörter (oder EINS) zerlegen lassen.

```
PR ZERLEGE :W
 LOKAL "TW

 WENN :W = " DANN RÜCKGABE []
 WENN :W = "NULL DANN RÜCKGABE []
 WENN :W = "EINS DANN RÜCKGABE [1]

 SETZE "TW VGL.ANF :W :LGE
 WENN :TW = [] DANN RÜCKGABE [X]

 RÜCKGABE SATZ :TW (ZERLEGE OHNE (LÄNGE :TW) :W)
ENDE
```

Prozedur LÄNGE kann auch auf Wörter angewendet werden, vgl. 8.3. Das abzuspaltende Teilwort wird durch Vergleich des Wortanfangs mit den Elementen von LGE ermittelt (Prozedur VGL.ANF). Der negative Fall zieht das Ergebnis [] nach sich, während sonst das jeweilige Teilwort zurückgegeben wird.

```
PR VGL.ANF :W :LTW
 WENN :LTW = [] DANN RÜCKGABE []
 WENN ANF? (ER :LTW) :W DANN RÜCKGABE ER :LTW
 RÜCKGABE VGL.ANF :W (OHNEERSTES :LTW)
ENDE
```

(Startwert für LTW in ZERLEGE ist LGE, die Liste aller Grundelemente)

Die Anfangsprüfung selbst geschieht durch die logische Abfrage ANF? :W1 :W2 (Ist W1 der Anfang von W2 ?):

```
PR ANF? :W1 :W2
 WENN :W1 = " DANN RÜCKGABE "WAHR
 WENN :W2 = " DANN RÜCKGABE "FALSCH

 WENN NICHT? (ER :W1) = (ER :W2) DANN RÜCKGABE "FALSCH
 RÜCKGABE ANF? (OE :W1) (OE :W2)
ENDE

? ANF? "DREI "DREISSIG
ERGEBNIS: WAHR

? VGL.ANF "ANFANG [ANF IN AN UM]
ERGEBNIS: AN
```

Das weiter zu verarbeitende Restwort wird durch Streichung entsprechend vieler Anfangsbuchstaben gewonnen (Prozedur OHNE für Wörter ist völlig analog zur gleichnamigen Prozedur aus 4.1.2 für Listen):

```
PR OHNE :N :WORT
 WENN :WORT = " DANN RÜCKGABE "
 WENN :N = 0 DANN RÜCKGABE :WORT
 RÜCKGABE OHNE (:N-1) (OHNEERSTES :WORT)
ENDE
```

```
? OHNE 3 "BEISPIEL
ERGEBNIS: SPIEL
```

Mit diesen Hilfsprozeduren ist die Prozedur ZERLEGE funktionstüchtig:

```
? ZERLEGE "DREIHUNDERTUNDZWANZIG
ERGEBNIS: [3 H U 2 Z]

? ZERLEGE "ZEHNKAMPF
ERGEBNIS: [10 X]

? ZERLEGE "ZIGTAUSEND
ERGEBNIS: [Z T]

? ZERLEGE "ZWANZIG
ERGEBNIS: [2 Z]

? ZERLEGE "ZWEIZIG
ERGEBNIS: [2 Z]
```

Das dritte Beispiel zeigt, daß der Scanner ZERLEGE keineswegs jedes inkorrekte Zahlwort mit "X" markiert. Die ZAHLWORT?-Prüfung erfordert also eine genauere syntaktische Analyse. An den beiden letzten Ergebnisse läßt sich ablesen, daß bestimmte unregelmäßige Bildungen von entsprechenden (unerlaubten) regelmäßigen nicht mehr unterschieden werden können. Aus Gründen der Übersichtlichkeit und um komplizierte Fallunterscheidungen zu vermeiden, bleibt dieses Problem hier und im folgenden unberücksichtigt.

```
PR ZAHLWORT? :W
 LOKAL "ZL

 WENN :W = "NULL DANN RÜCKGABE "WAHR
 SETZE "ZL ZERLEGE :W
 WENN ELEMENT? "X :ZL DANN RÜCKGABE "FALSCH
 RÜCKGABE ZW.BIS.999999? :ZL
ENDE

PR ZW.BIS.999999? :ZL
 PRÜFE ELEMENT? "T :ZL
 WENNWAHR RÜCKGABE ALLE? (ZW.BIS.999? VOR "T :Z) ...
                    ... (ZW.BIS.999? NACH "T :Z)
 WENNFALSCH RÜCKGABE ZW.BIS.999? :ZL
ENDE
```

Zur Prüfung, ob ein Zahlwort bis 999 999 vorliegt, wird zunächst festgestellt, ob die Zerlegungsliste ZL das Symbol T enthält; ist dies nicht der Fall, kann höchstens ein Zahlwort bis 999 vorliegen. Kommt aber T vor, so wird ZL in zwei Teile aufgespalten, einen vor dem ersten Auftreten von T sowie dem nachfolgenden Rest (beide ohne T). Letzteres leisten die Prozeduren VOR und NACH:

```
PR VOR :SY :L
 WENN :SY = (ER :L) DANN RÜCKGABE []
 RÜCKGABE MITERSTEM (ER :L) (VOR :SY (OE :L))
ENDE
```

```
PR NACH :SY :L
 WENN :SY = (ER :L) DANN RÜCKGABE OE :L
 RÜCKGABE NACH :SY (OE :L)
ENDE

? VOR "C [A B C A B C]
ERGEBNIS: [A B]

? NACH "C [A B C A B C]
ERGEBNIS: [A B C]
```

Weitere Prüfungen arbeiten mit entsprechenden Zerlegungen für die Symbole H und Z. Für die Position von U kommen folgende Möglichkeiten in Betracht:

1. [... H U <Zahlwort bis 99>]
2. [... <Ziffer> U <Ziffer> Z]

In 1. ist U syntaktisch nicht notwendig, aber erlaubt (Beispiel: "einhundertunddreißig"), während U in 2. nicht weggelassen werden darf.

```
PR ZW.BIS.999? :ZL
 WENN :ZL = [] DANN RÜCKGABE "WAHR
 WENN ALLE? (ELEMENT? "H :ZL) (ER :ZL) = "U DANN RG "FALSCH
 PRÜFE ELEMENT? "H :ZL
 WENNWAHR RÜCKGABE ALLE? (ZW.BIS.9? VOR "H :ZL) ...
                     ... (ZW.BIS.99? NACH "H :ZL)
 WENNFALSCH RÜCKGABE ZW.BIS.99? :ZL
ENDE

PR ZW.BIS.99? :ZL
 WENN :ZL = [] DANN RÜCKGABE "WAHR
 WENN (ER :ZL) = "U DANN SETZE "ZL OE :ZL
 PRÜFE ELEMENT? "Z :ZL
 WENNWAHR RÜCKGABE ALLE? (NACH "Z :ZL) = [] ...
                     ... (VOR.ZIG? VOR "Z :ZL)
 WENNFALSCH RÜCKGABE ZW.BIS.19? :ZL
ENDE
```

Das Symbol Z darf nur als letztes in einer Liste ZL stehen (daher (NACH "Z :ZL) = []). Die Syntaxprüfung für VOR "Z :ZL ist etwas umfangreicher und geschieht daher am besten durch eine gesonderte Prozedur (VOR.ZIG?).

```
PR VOR.ZIG? :ZL
 WENN :ZL = [] DANN RÜCKGABE "FALSCH
 WENN NICHT? ZIFFER? ER :ZL DANN RÜCKGABE "FALSCH
 WENN (OE :ZL) = [] DANN RÜCKGABE "WAHR
 RÜCKGABE ALLE? (ZIFFER? LZ :ZL) ...
           ... (OE OL :ZL) = [U]
ENDE
```

(Prozedur ZIFFER? siehe weiter unten.)

Damit werden die beiden Möglichkeiten

[<Ziffer> Z]   sowie   [<Ziffer> U <Ziffer> Z]

überprüft.

```
PR ZW.BIS.19? :ZL
 WENN :ZL = [] DANN RÜCKGABE "WAHR
 WENN ZIFFER? ER :ZL DANN RÜCKGABE EINES? (OE :ZL) = [] ...
                                    ... (OE :ZL) = [10]
 RÜCKGABE ELEMENT? :ZL [[10] [11] [12] [16] [17]]
ENDE

PR ZW.BIS.9? :ZL
 WENN :ZL = [] DANN RÜCKGABE "WAHR
 RÜCKGABE ALLE? ((OE :ZL) = []) (ZIFFER? ER :ZL)
ENDE

PR ZIFFER? :Z
 RÜCKGABE ELEMENT? :Z [1 2 3 4 5 6 7 8 9]
ENDE

? ZAHLWORT? "DREIHUNDERTEINUNDDREISSIG
ERGEBNIS: WAHR

? ZAHLWORT? "ZWEIHUNDERTFÜNFZIGTAUSENDUNDEINS
ERGEBNIS: WAHR

? ZAHLWORT? "ZIGTAUSEND
ERGEBNIS: FALSCH

? ZAHLWORT? "EINZIG
ERGEBNIS: WAHR
```

(Dies ist eine regelmäßige Bildung von 10.)

4.2.3 Umwandlung des Parsers in einen Übersetzer

Die Prozeduren zur Syntaxprüfung eines Zahlwortes können leicht so umgeschrieben werden, daß damit der Zahlwert ermittelt werden kann. Im Falle eines syntaktischen Fehlers wird eine Fehlermeldung ausgedruckt und die Berechnung abgebrochen (Rückkehr auf die Kommandoebene mit AUSSTIEG).

```
PR FEHLER
 DRUCKEZEILE [EINGABE IST KEIN ZAHLWORT!]
 AUSSTIEG
ENDE
```

Die Struktur der ZAHLWORT?-Prüfung bleibt vollständig erhalten, so daß die erforderlichen Änderungen ohne weitere Erläuterung angegeben werden können.

```
PR ZAHLWERT :W
 WENN :W = "NULL DANN RÜCKGABE 0
 LOKAL "ZL
 SETZE "ZL ZERLEGE :W
 WENN ELEMENT? "X :ZL DANN FEHLER
 RÜCKGABE ZW.BIS.999999 :ZL
ENDE
```

```
PR ZW.BIS.999999 :ZL
 PRÜFE ELEMENT? "T :ZL
 WENNWAHR RÜCKGABE (ZW.BIS.999 VOR "T :ZL)*1000 ...
               ... + (ZW.BIS.999 NACH "T :ZL)
 WENNFALSCH RÜCKGABE ZW.BIS.999 :ZL
ENDE

PR ZW.BIS.999 :ZL
 WENN :ZL = [] DANN RÜCKGABE 0
 WENN ALLE? (ELEMENT? "H :ZL) (ER :ZL) = "U DANN FEHLER
 PRÜFE ELEMENT? "H :ZL
 WENNWAHR RÜCKGABE (ZW.BIS.9 VOR "H :ZL)*100 ...
               ... + (ZW.BIS.99  NACH "H :ZL)
 WENNFALSCH RÜCKGABE ZW.BIS.99 :ZL
ENDE

PR ZW.BIS.99 :ZL
 WENN :ZL = [] DANN RÜCKGABE 0
 WENN (ER :ZL) = "U DANN SETZE "ZL OE :ZL
 PRÜFE ELEMENT? "Z :ZL
 WENNWAHR WENN NICHT? (NACH "Z :ZL) = [] DANN FEHLER ...
           ... SONST RÜCKGABE VOR.ZIG VOR "Z :ZL
 WENNFALSCH RÜCKGABE ZW.BIS.19 :ZL
ENDE

PR VOR.ZIG :ZL
 WENN :ZL = [] DANN FEHLER
 WENN NICHT? ZIFFER? ER :ZL DANN FEHLER
 WENN (OE :ZL) = [] DANN RÜCKGABE (ER :ZL)*10
 WENN NICHT? ALLE? (ZIFFER? LZ :ZL) (OE OL :ZL) = [U] ...
  ... DANN FEHLER
 RÜCKGABE (ER :ZL) + (LZ :ZL)*10
ENDE

PR ZW.BIS.19 :ZL
 WENN :ZL = [] DANN RÜCKGABE 0
 PRÜFE ZIFFER? ER :ZL
 WENNWAHR WENN (OE :ZL) = [] DANN RÜCKGABE ER :ZL
 WENNWAHR WENN (OE :ZL) = [10] DANN RÜCKGABE (ER :ZL) + 10 ...
                         ... SONST FEHLER
 WENNFALSCH WENN NICHT? ELEMENT? :ZL ...
                       ... [[10] [11] [12] [16] [17]] ...
          ... DANN FEHLER
 RÜCKGABE ER :ZL
ENDE

PR ZW.BIS.9 :ZL
 WENN :ZL = [] DANN RÜCKGABE 0
 WENN NICHT? ALLE? (OE :ZL) = [] (ZIFFER? ER :ZL) ...
  ... DANN FEHLER
 RÜCKGABE ER :ZL
ENDE

? ZAHLWERT "DREIHUNDERTTAUSENDUNDEINS
ERGEBNIS: 300001

? ZAHLWERT "SIEBENHUNDERTSIEBENUNDSIEBZIG
ERGEBNIS: 777
```

```
? ZAHLWERT "ACHTERBAHN
EINGABE IST KEIN ZAHLWORT!

? ZAHLWERT "EINUNDEINZIG
ERGEBNIS: 11

? ZAHLWERT "EINHUNDERT
ERGEBNIS: 100

? ZAHLWERT "HUNDERT
ERGEBNIS: 0
```

Die letzten Beispiele zeigen an, welche Ergänzungen man noch einbauen könnte.

4.3 Transformationen von Igelwegen

Wir wollen im folgenden eine Subsprache von Logo selbst zum Gegenstand nehmen. Ziel ist die syntaktisch korrekte Veränderung von Befehlsfolgen und Prozeduren, die aus elementaren Igelbefehlen bestehen. Als Grundworte sind zugelassen:

VORWÄRTS (bzw.VW)
RÜCKWÄRTS (RW)
RECHTS (RE)
LINKS (LI)
STIFTHOCH (SH)
STIFTAB (SA)
WIEDERHOLE (WH)

Bei der Programmkonstruktion aus diesen Grundbefehlen sei auch die Verwendung von Unterprozeduren und rekursiven Aufrufen zugelassen.

Der Sprachvorrat entspricht damit in etwa demjenigen, den man in Unterrichtsprojekten mit Grundschülern (Klasse 3 und 4) einsetzt. Es soll nun natürlich nicht darum gehen, operative Anwendungen dieser Subsprache zu beschreiben. Vielmehr operieren wir mit Igelwegen in ihrer symbolischen Darstellung als Befehlslisten. In diesem Zusammenhang werden folgende Aufgabenstellungen behandelt:

- die Spiegelung eines Igelwegs,
- die Umkehr der Durchlaufrichtung bei einem gegebenen Igelweg.

Dazu werden zwei Oberprozeduren SP.DEF und UMK.DEF definiert, die jeweils einen Prozedurnamen als Eingabe erhalten und eine neue Prozedur generieren, die sich durch Transformation der ursprünglichen im Sinne der Aufgabenstellung ergibt. Beispielsweise soll der Aufruf

? SP.DEF "FIGUR

eine Prozedur %FIGUR generieren, die bei Aufruf das Spiegelbild von FIGUR erzeugt. Analog erzeugt

? UMK.DEF "FIGUR

eine Prozedur &FIGUR, die den Igel die Figur in umgekehrter Richtung durchlaufen läßt.

4.3.1 Spiegelung von Igelwegen

Die Transformationsstrategie für die Spiegelung ist sehr einfach und wird als konkretes Operationsprinzip schon von Grundschülern angewandt: In der gegebenen Befehlsliste ist lediglich RECHTS (RE) durch LINKS (LI) und umgekehrt zu ersetzen.
Für Verallgemeinerungen ist es hilfreich, den Austauschvorgang durch eine gesonderte Prozedur TAUSCHE ausführen zu lassen, die als Eingabe das betrachtete Element und eine "Tauschliste" erhält. Letztere hat im Falle der Spiegelung folgende Gestalt:

```
SETZE "SP.TL [[[RECHTS RE] LINKS] [[LINKS LI] RECHTS]]

PR TAUSCHE :X :TL
 WENN :TL = [] DANN RÜCKGABE :X
 WENN ELEMENT? :X (ER ER :TL) DANN RÜCKGABE LZ ER :TL
 RÜCKGABE TAUSCHE :X (OHNEERSTES :TL)
ENDE

? TAUSCHE "OTTO [[[KARL GÜNTER] ROLF] ...
                ... [[KONRAD OTTO] MARTIN]]
ERGEBNIS: MARTIN
```

Die Prozedur TAUSCHE entspricht in ihrer Struktur der ELEMENT?-Abfrage (vgl.8.3).
Die folgende Prozedur SP.ERSETZE1 stellt eine noch zu verallgemeinernde vorläufige Lösung dar. Das Ergebnis unterscheidet sich von der eingegebenen Liste L dadurch, daß in beliebiger Schachtelungstiefe (wegen WH-Konstruktionen) RECHTS und LINKS vertauscht sind. (Man vergleiche die Parallelität der Struktur mit ATOMZAHL in 2.1).

```
PR SP.ERSETZE1 :L
 WENN :L = [] DANN RÜCKGABE []
 PRÜFE LISTE? ERSTES :L
 WENNWAHR RÜCKGABE MITERSTEM (SP.ERSETZE1 ER :L) ...
                        ... (SP.ERSETZE1 OE :L)
 WENNFALSCH RÜCKGABE MITERSTEM (TAUSCHE (ER :L) :SP.TL) ...
                          ... (SP.ERSETZE1 OE :L)
ENDE
```

Man beachte, daß die Tauschliste SP.TL global definiert ist. Es ergibt sich z.B.

```
? SP.ERSETZE1 [RE [LI [RE [LI]]]]
ERGEBNIS: [LINKS [RECHTS [LINKS [RECHTS]]]]
```

Bei Eingaben von Listen, die syntaktisch korrekte Anweisungen in "Igelsprache" enthalten, läßt sich die Ergebnisliste auch mit TUE ausführen. Testen Sie z.B.

```
? TUE SP.ERSETZE1 [WH 4 [VW 30 ...
                   ... WH 4 [VW 30 RE 90] ...
                   ... RW 30 ...
                   ... SH RE 90 VW 35 LI 90 SA]]
```

und vergleichen Sie die Wirkung mit der der Befehlsfolge ohne TUE SP.ERSETZE1.
Nach dem Muster von SP.ERSETZE1 lassen sich auch Befehlsfolgen mit deutschen Logo-Grundwörtern in die englische Version übertragen oder umgekehrt. Die ausführliche Beschreibung eines solchen Übersetzers findet man bei ABELSON (1983, S.138f).
Nehmen wir an, wir hätten eine Prozedur FIGUR mit den Mitteln der eingangs beschriebenen Subsprache festgelegt. Durch die Kommandozeile

```
? DEF "%FIGUR SP.ERSETZE1 PRLISTE "FIGUR
```

würde dann eine Spiegelprozedur %FIGUR mit dem Grundwort DEF definiert, bei der RECHTS und LINKS gegenüber FIGUR vertauscht sind. Dieses Vorgehen funktioniert jedoch nicht, wenn in FIGUR Unterprozeduren oder rekursive Aufrufe vorkommen. Die folgende Lösung mit der Oberprozedur SP.DEF leistet dies und ist außerdem so formuliert, daß sie auf das Umkehrproblem analog übertragen werden kann.

```
PR SP.DEF :PRNAME
 DEF (WORT "% :PRNAME) (SP.ERSETZE PRLISTE :PRNAME)
ENDE
```

Dabei ist PRLISTE ein Grundwort, das den Prozedurtext von PRNAME als Liste zurückgibt.

```
PR SP.ERSETZE :PRL
 WENN :PRL = [] DANN RÜCKGABE []
 PRÜFE LISTE? ERSTES :PRL
 WENNWAHR RÜCKGABE MITERSTEM (SP.ERSETZE ER :PRL) ...
                         ... (SP.ERSETZE OE :PRL)
 WENNFALSCH RÜCKGABE SP.TAUSCH (ER :PRL) (OE :PRL)
ENDE
```

```
PR SP.TAUSCH :ANF :REST
 PRÜFE PROZEDUR? :ANF
 WENNWAHR WENN NICHT? EINES? (PROZEDUR? WORT "% :ANF) ...
                         ... (:ANF = :PRNAME) ...
            ... DANN SP.DEF :ANF
 WENNWAHR SETZE "ANF WORT "% :ANF
 WENNFALSCH SETZE "ANF TAUSCHE :ANF :SP.TL
 RÜCKGABE MITERSTEM :ANF (SP.ERSETZE :REST)
ENDE
```

Die logische Abfrageprozedur, die in SP.TAUSCH verwendet wird, ergibt WAHR, wenn ein Prozedurname eingegeben wird, ansonsten FALSCH (vgl. 8.3).

Die Abfrage PROZEDUR? WORT "% :ANF dient dazu, zu erkennen, ob zu dem Prozedurnamen :ANF bereits eine Spiegelprozedur vorliegt. Durch :ANF = :PRNAME werden rekursive Aufrufe erkannt.

4.3.2 Umkehrung von Igelwegen

Die Strategie zur Umkehrung einer Igelbewegung besteht darin, die Reihenfolge der Operationen umzukehren und gleichzeitig jede einzelne Operation durch ihre inverse zu ersetzen. Besondere Beachtung verdienen dabei die Operationen mit Eingaben wie RECHTS, VORWÄRTS und WIEDERHOLE, da hier Grundwort und Eingabe(n) als Einheit behandelt werden müssen und nicht vertauscht werden dürfen. Betrachten wir eine Befehlsliste, die mit einer WIEDERHOLE-Anweisung beginnt:

[WH <Zahl> <Liste> <Rest>].

Sie müßte folgendermaßen transformiert werden:

[<Rest>* WH <Zahl> <Liste>*],

wobei * andeutet, daß diese Elemente ebenfalls transformiert werden müssen.

Die nachfolgend dargestellte Lösung des Umkehrproblems entspricht derjenigen für die Spiegelung, allerdings können hier keine Unterprozeduren mit Eingabevariablen verwendet werden.

```
? SETZE "UMK.TL [[[RECHTS RE] LINKS] ...
             ... [[LINKS LI] RECHTS] ...
             ... [[VORWÄRTS VW] RÜCKWÄRTS] ...
             ... [[RÜCKWÄRTS RW] VORWÄRTS] ...
             ... [[STIFTHOCH SH] STIFTAB] ...
             ... [[STIFTAB SA] STIFTHOCH]]

PR UMK.DEF :PRNAME
 DEF (WORT "& :PRNAME) ...
 ... (MITERSTEM (ERSTES PRLISTE :PRNAME) ...
           ... (UMK.ERSETZE OE PRLISTE :PRNAME))
ENDE
```

Die gesonderte Behandlung der Liste der Eingabeparameter ist hier erforderlich, damit diese wiederum am Anfang der Programmliste für die Umkehrprozedur steht.

```
PR UMK.ERSETZE :PRL
 WENN :PRL = [] DANN RÜCKGABE []
 PRÜFE LISTE? ERSTES :PRL
 WENNWAHR RÜCKGABE MITLETZTEM (UMK.ERSETZE ER :PRL) ...
                           ... (UMK.ERSETZE OE :PRL)
 WENNFALSCH RÜCKGABE UMK.TAUSCH (ER :PRL) (OE :PRL)
ENDE
```

Man beachte, daß in UMK.ERSETZE und der folgenden Prozedur UMK.-TAUSCH anstelle von ME (MITERSTEM) beim Aufbau der Ergebnisliste ML (MITLETZTEM) verwandt wird.

```
PR UMK.TAUSCH :ANF :REST
 PRÜFE PROZEDUR? :ANF
 WENNWAHR WENN NICHT? EINES? (PROZEDUR? WORT "& :ANF) ...
                          ... (:ANF = :PRNAME) ...
           ... DANN UMK.DEF :ANF
 WENNWAHR SETZE "ANF WORT "& :ANF
 WENNFALSCH SETZE "ANF TAUSCHE :ANF :UMK.TL
 WENN ELEMENT? :ANF [RECHTS LINKS VORWÄRTS RÜCKWÄRTS] ...
  ... DANN RG ML (ER :REST) ...
            ... (ML :ANF ...
                ... UMK.ERSETZE OE :REST)
 WENN ELEMENT? :ANF [WIEDERHOLE WH] ...
  ... DANN RG ML (UMK.ERSETZE ER OE :REST) ...
            ... ML (ER :REST) ...
               ... ML :ANF ...
                  ... UMK.ERSETZE OE OE :REST
 RÜCKGABE ML :ANF ...
        ... UMK.ERSETZE :REST
ENDE
```

4.3.3 Anwendung auf die Spiegelung

Wir wollen beide Techniken der Transformation von Igelwegen noch auf das Problem der Spiegelung von Figuren anwenden.
Gegeben ist eine beliebige, durch die am Anfang des Abschnitts angeführten Igelbefehle definierte Figur F, die also keine Elemente der absoluten Lage enthält. Beispielsweise

```
PR FAHNE
 VORWÄRTS 20
 WH 4 [VORWÄRTS 10 RECHTS 90]
ENDE
```

Die Lage in der Ebene wird allein (nach Ort und Richtung) durch die Igelstellung zu Beginn des Zeichnens festgelegt.

Es soll nun ein Befehl SPIEGLE geschrieben werden, der auf Eingabe des Prozedurnamens einer Figur F und der Spiegelungsachse (z.B. festgelegt durch Punkt P und Richtung RI) die gespiegelte Figur (in gespiegelter Lage) zeichnet und den Namen der gespiegelten Figur zurückgibt.

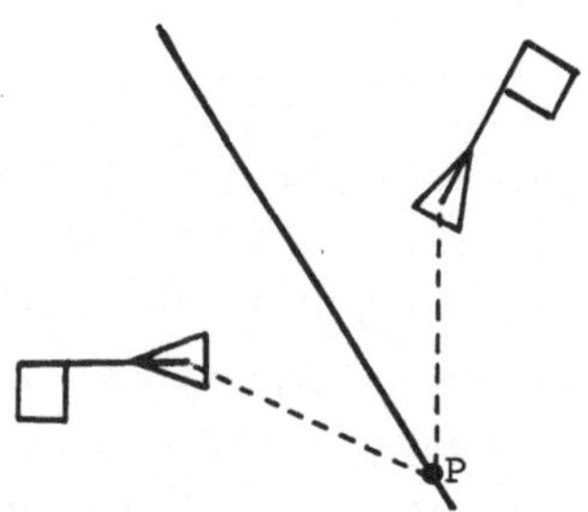

Da man im allgemeinen nicht davon ausgehen kann, daß der Igel nach dem Zeichnen einer Figur wieder seine Ausgangsstellung hat, muß in SPIEGLE die Figur F zuerst umgekehrt durchlaufen werden. Danach ermittelt der Igel durch seine peilgeometrischen Fähigkeiten seine gespiegelte Lage und zeichnet die gespiegelte Figur F:

```
PR SPIEGLE :F :P :RI
 TUE (LISTE UMKEHRFIGUR :F)
 SETZE "K KURS
 SETZE "D ENTFERNUNG "P
 SETZE "R 180 + PEILE :P
 STIFTHOCH
 AUF P
 AUFKURS :RI - (WDIFF :R :RI)
 VORWÄRTS :D
 STIFTAB
 LINKS (WDIFF :K :R)
 TUE (LISTE SPIEGELFIGUR :F)
 RÜCKGABE SPIEGELFIGUR :F
ENDE
```

Dabei wird in SPIEGELFIGUR und UMKEHRFIGUR lediglich sichergestellt, daß nicht unnötigerweise Prozeduren erzeugt werden:

```
PR UMKEHRFIGUR :F
 WENN ER :F = "& DANN RÜCKGABE OE :F
 WENN NICHT? PROZEDUR? (WORT "& :F) DANN UMK.DEF :F
 RÜCKGABE WORT "& :F
ENDE
PR SPIEGELFIGUR :F
 WENN ER :F = "% DANN RÜCKGABE OE :F
 WENN NICHT? PROZEDUR? (WORT "% :F) DANN SP.DEF :F
 RÜCKGABE WORT "% :F
ENDE
```

Es bleibt abschließend nur zu erwähnen, daß von den Kongruenzabbildungen lediglich die Spiegelung diesen großen Aufwand erfordert; die übrigen Abbildungen seien dem Leser als Übung empfohlen.

5 Symbolverarbeitung

Als ein Beispiel für die Verarbeitung von Symbolen in Logo wollen wir das formale Differenzieren behandeln. Dabei setzen wir voraus, daß dem Leser die gängigen Techniken des Ableitens von Funktionen aus seiner Schulzeit her noch bewußt sind.
Die symbolische Differentation wird besonders durchsichtig, wenn die Funktionen und Terme eine einheitliche Notation aufweisen. Zur Entwicklung dieses Prozedurenpakets müssen wir daher die Grammatik der üblichen algebraischen Notation analysieren und deren Übertragung in die für das weitere Vorgehen günstigere funktionale Form (Präfixnotation) behandeln. Dies geschieht in 5.1.
In 5.2 wird das symbolische Differenzieren von Präfix-Termen beschrieben. In 5.3 werden Regeln zur Vereinfachung differenzierter Ausdrücke angegeben und in 5.4 abgeleitete Terme numerisch ausgewertet. Schließlich wird in 5.5 gezeigt, wie man abgeleitete Präfix-Terme wieder in die gewohnte Infix-Schreibweise zurückübersetzen kann.

5.1 Übersetzung algebraischer Infix-Ausdrücke

Wir beschränken uns auf algebraische Ausdrücke mit den infix-notierten Rechenzeichen

```
+ - * / !
```

wobei das Ausrufezeichen für die Operation des Potenzierens (mit einer Hochzahl) steht.
Außerdem seien einstellige Funktionen in Präfixschreibweise zugelassen, deren Argument grundsätzlich eingeklammert sein muß; so ist beispielsweise

```
X * SIN (X + 12)
```

ein zulässiger Ausdruck.
Wir nehmen weiter an, daß die zeichenweise Analyse, das Scanning, bereits geschehen ist, d.h. alle Symbole (Zahlen, Variablen, Funktionsnamen, Rechenzeichen, Klammern) sind in einer Liste durch Leerzeichen getrennt aufgeführt, z.B.

```
[X * SIN ( X + 12 )]
```

und Funktionssymbole, Zahlen und Variablen seien syntaktisch richtig aufgebaut.

Die möglichen Symbole werden in folgender vereinfachter Weise erkannt:

- Die Operationszeichen und Klammern werden durch direkten Vergleich ermittelt, z.B.

```
PR OP? :S
 RÜCKGABE (EINES? (:S = "+ ) (:S = "- ) (:S = "* ) ...
         ... (:S = "/ ) (:S = "! ))
ENDE
```

- Symbole, auf die "(folgt und die nicht Operationszeichen sind, werden als Funktionsnamen angesehen; das bedeutet insbesondere, daß alle Argumente von Funktionen eingeklammert und alle Multiplikationen explizit mit "*" bezeichnet sein müssen.
- Alle übrigen Symbole werden als Zahlen oder Variablen behandelt.

Bei diesem Vorgehen sind "+" und "-" als Vorzeichen nicht berücksichtigt und es werden viele häufige Fehlersituationen nicht erkannt. Wir überlassen entsprechende Erweiterungen dem Leser, damit an der folgenden Prozedur das wesentliche erkennbar bleibt.
Der Umwandlungsalgorithmus verarbeitet aus der Quelliste Q Symbol um Symbol und baut eine Zielliste Z auf; eine Hilfsliste H dient als Zwischenspeicher für Symbole, die auf ihre Verarbeitung warten müssen.Die Zielliste soll so aufgebaut sein, daß der Vorrang der Operationen und Funktionen durch die Listenstruktur dargestellt ist. Dies entspricht der bekannten Darstellung als "Rechenbaum".
Am Beispiel ergibt dies folgende Liste

[PROD [X] [SIN [SUMME [X] [12]]]]

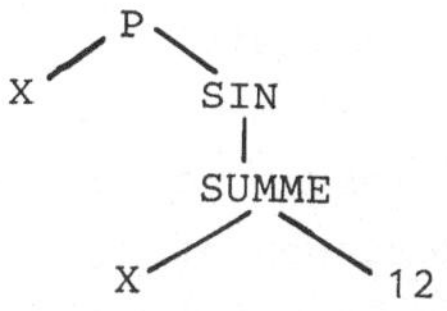

dabei benutzen wir die in einigen Logoversionen vorkommenden Präfixsymbole für die Grundrechenarten (vgl. 8.2)


```
PR PRAE :S
 WENN :S = "+ DANN RÜCKGABE "SUMME
 WENN :S = "- DANN RÜCKGABE "DIFF
 WENN :S = "* DANN RÜCKGABE "PROD
 WENN :S = "/ DANN RÜCKGABE "QUOT
 RÜCKGABE :S
ENDE
```

(sonst wird das Symbol beibehalten).

Der Übersetzungsalgorithmus arbeitet mit folgenden Parametern:

- Q: Quelliste, aus der Symbol um Symbol verarbeitet wird, bis sie leer ist. Entscheidungen beim Ablauf des Algorithmus werden nach dem erstem Element (ER :Q) oder zur Erkennung von Funktionssymbolen auch nach dem zweiten Element (ER OE :Q) getroffen.

- H: Hilfsliste, die Elemente als erstes aufnehmen kann (ME (...) :H), deren erstes Element bei Vorrangentscheidungen herangezogen wird (RANG ER :H), und aus der vorrangige Elemente entnommen werden können (ER :H, OE :H).
- Z: Zielliste, in der die geschachtelte Struktur aufgebaut wird.

Der Übersetzungsalgorithmus wird im folgenden in den einzelnen Teilen beschrieben und danach zu einer Prozedur zusammengefaßt. Es ist hilfreich, den Algorithmus z.B. mit Zetteln durchzuspielen, um ein Gefühl für seinen Ablauf zu erlangen (vgl. Löthe - Müller 1979). Das folgende Beispiel kann dies nur unzureichend vermitteln:

Q	H	Z
[(5 + SIN (X))]	[]	[]
[5 + SIN (X))]	[(]	[]
[+ SIN (X))]	[(]	[[5]]
[SIN (X))]	[+ (]	[[5]]
[X))]	[(SIN + (]	[[5]]
[))]	[(SIN + (]	[[X] [5]]
[)]	[SIN + (]	[[X] [5]]
[)]	[+ (]	[[SIN [X]] [5]]
[)]	[(]	[[SUMME [5] [SIN [X]]]]
[]	[]	[[SUMME [5] [SIN [X]]]]

Die Kopfzeile der Infix-Präfix-Übersetzung lautet

```
PR IP :Q :H :Z
```

Der rekursive Aufruf zeigt in den folgenden Fällen jeweils die Veränderungen bei Q, H und Z an.

Es gelten folgende Regeln:

1. Das Symbol Klammer-auf wird in jedem Fall nach H verschoben, wo es auf die zugehörige Klammer-zu warten muß:

```
WENN ER :Q = "( DANN RÜCKGABE ...
 ... IP (OE :Q) ...
    ... (ME "( :H) ...
    ... :Z
```

2. Erscheint ein Operationszeichen in Q, so muß es in jedem Fall nach H verlegt werden, da ja noch der zugehörige zweite Operand aussteht:

```
WENN OP? ER :Q DANN RÜCKGABE ...
 ... IP (OE :Q) ...
    ... (ME (ER :Q) :H) ...
    ... :Z
```

Zuvor müssen jedoch vor- oder gleichrangige Operationen, die in H gespeichert sind, verarbeitet werden. In die Rangordnung fügt man zweckmäßigerweise auch die Klammern und die Funktions-Symbole als "sonstige" ein.

Symbol	Rang
(	1
)	2
+ -	3
* /	4
!	5
sonstige	6

Damit kann man die Übertragung eines Funktionssymbols von H nach Z formulieren:

```
WENN (RANG ER :H) = 6 DANN RÜCKGABE ...
 ... IP :Q ...
    ... (OE :H) ...
    ... (ME (LISTE ER :H ER :Z) ...
        ... OE :Z)
```

und auch dasselbe für vor- oder gleichrangige Operationen tun:

```
WENN NICHT? (RANG ER :Q) > RANG ER :H DANN RÜCKGABE ...
 ... IP :Q ...
    ... (OE :H) ...
    ... ME (LISTE PRAE (ER :H) ...
                ... (ER OE :Z) ...
                ... ER :Z) ...
        ... (OE OE :Z)
```

In diesem Fall ist auch enthalten, daß bei ") alle Operationen bis zur zugehörigen "(nach Z verschoben werden können. Man kann also danach ") von Q und "(von H löschen:

```
WENN ER :Q = ") DANN RÜCKGABE ...
 ... IP OE :Q ...
    ... OE :H ...
    ... :Z
```

3. Ein Funktionssymbol in Q wird daran erkannt, daß eine Klammer-auf folgt. Beide Symbole werden nach H verschoben:

```
WENN (ER OE :Q) = "( DANN RÜCKGABE ...
 ... IP (OE OE :Q) ...
    ... (ME "( (ME (ER :Q) :H)) ...
    ... :Z
```

4. Wenn alle diese Fälle nicht eintreten, so nehmen wir an, daß es sich um eine Zahl oder eine Variable handelt, die jeweils als Liste nach Z verlegt werden:

```
RÜCKGABE IP (OE :Q) ...
        ... :H ...
        ... (ME (LISTE ER :Q) :Z)
```

In der Gesamtprozedur stehen die unter 2. erläuterten Fälle unter der Voraussetzung, daß ein Operationszeichen oder eine Klammer-auf in Q auf Verarbeitung wartet.

Es ist sehr empfehlenswert diese doch recht komplexe Prozedur etwa anhand des oben angegebenen Beispiels genauestens durchzuspielen.

```
PR IP :Q :H :Z
 WENN :Q = [] DANN RÜCKGABE ER :Z
 WENN ER :Q = "( DANN RÜCKGABE ...
  ... IP (OE :Q) ...
     ... (ME "( :H) ...
     ... :Z
 PRÜFE EINES? (OP? ER :Q) (ER :Q = ") )
 WW WENN (RANG ER :H) = 6 DANN RÜCKGABE ...
     ... IP :Q ...
     ... (OE :H) ...
     ... (ME (LISTE ER :H ER :Z) ...
        ... OE :Z)
 WW WENN NICHT? (RANG ER :Q) > RANG ER :H DANN RÜCKGABE ...
     ... IP :Q ...
        ... (OE :H) ...
        ... ME (LISTE PRAE (ER :H) ...
                 ... (ER OE :Z) ...
                 ... ER :Z) ...
           ... (OE OE :Z)
 WW WENN OP? ER :Q DANN RÜCKGABE ...
     ... IP (OE :Q) ...
        ... (ME (ER :Q) :H) ...
        ... :Z
 WW WENN ER :Q = ") DANN RÜCKGABE ...
     ... IP (OE :Q) ...
        ... (OE :H) ...
        ... :Z
 WENN (ER OE :Q) = "( DANN RÜCKGABE ...
  ... IP (OE OE :Q) ...
     ... (ME "( (ME (ER :Q) :H)) ...
     ... :Z
 RÜCKGABE IP (OE :Q) ...
        ... :H ...
        ... (ME (LISTE ER :Q) :Z)
ENDE
```

Nach Abarbeitung von Q besteht Z im Falle eines fehlerfreien Ausdrucks nur aus einem Element, das wir zurückgeben. Um nicht die leere Hilfsliste als Sonderfall behandeln zu müssen, kann man dafür sorgen, daß immer eine Klammer-auf zu Beginn in H gelegt wird, d.h. der gesamte Infixausdruck wird in ein Klammernpaar eingeschlossen:

```
PR IPUEB :L
 RÜCKGABE IP (SATZ "( :L ") ) [] []
ENDE
```

Die Vorrangfunktion wird am einfachsten durch Fallunterscheidungen definiert, dabei benötigen wir später den Vorrang auch für die Präfix-Symbole.

```
PR RANG :S
 WENN :S = "( DANN RÜCKGABE 1
 WENN :S = ") DANN RÜCKGABE 2
 WENN (EINES? :S = "+ :S = "- :S = "SUMME :S = "DIFF ) ...
   ... DANN RÜCKGABE 3
 WENN (EINES? :S = "* :S = "/ :S = "PROD :S = "QUOT ) ...
   ... DANN RÜCKGABE 4
 WENN :S = "! DANN RÜCKGABE 5
 RÜCKGABE 6
ENDE
```

5.2 Symbolisches Differenzieren

Nachdem wir im letzten Abschnitt bereits die Übersetzung von algebraischen Infix-Ausdrücken in die Präfix-Schreibweise besprochen haben, können wir nun annehmen, daß jeder abzuleitende Term als geschachtelte Liste vorliegt, beispielsweise

$$x \cdot \sin(x + 12)$$

als

```
[PROD [X] [SIN [SUMME [X] [12]]]]
```

In Präfixausdrücken haben wir folgende Elemente zu erwarten:

- die Variable, nach der abgeleitet wird, [X],
- weitere Variablen, Zahlen, z.B. [A], [12]
- einstellige Funktionen, z.B. [SIN [...]],
- algebraische Operationen als zweistellige Funktionen, z.B. [SUMME [...] [...]]

Unser Fernziel ist eine Funktion

```
ABL :F
```

zu schreiben, die die Ableitung irgendeiner Funktion F zurückgibt. Wir nehmen zunächst an, daß ABL :F bereits existiere, und formulieren als erstes die Ableitungsregeln für zusammengesetzte Ausdrücke.

Dabei halten wir uns möglichst eng an die Formulierungen, wie sie üblicherweise in der Schule verwendet werden.

Ableitung der Summe

$(u + v)' = u' + v'$

```
[SUMME [U] [V]]' = [SUMME [U]' [V]']
```

```
PR ABL.SUMME :U :V
 RÜCKGABE (LISTE "SUMME ...
            ... ABL :U ...
            ... ABL :V)
ENDE
```

```
? ABL.SUMME [X] [5]
ERGEGNIS: [SUMME [1] [0]]
```

Ableitung des Produkts

$(u \cdot v)' = u'v + uv'$

```
[PROD [U] [V]]' = [SUMME [PROD [U]' [V]] [PROD [U] [V]']]
```

```
PR ABL.PROD :U :V
 RÜCKGABE (LISTE "SUMME ...
            ... (LISTE "PROD ...
                   ... ABL :U ...
                   ... :V) ...
            ... (LISTE "PROD ...
                   ... :U ...
                   ... ABL :V))
ENDE
```

```
? ABL.PROD [X] [5]
ERGEGNIS: [SUMME [PROD [1] [5]] [PROD [X] [0]]]
```

In der gleichen Weise lassen sich durch entsprechende Übertragung der Ableitungsregeln die Ableitungsprozeduren für die Differenz ABL.DIFF und den Qotienten ABL.QUOT gewinnen.
Neben diesen Regeln für die Grundrechenarten benötigt man noch einen Vorrat an Ableitungen einstelliger Funktionen, z.B.

```
PR ABL.SIN :X
 RÜCKGABE LISTE "COS :X
ENDE
```

```
PR ABL.! :X :N
 RÜCKGABE (LISTE "PROD ...
            ... :N ...
            ... (LISTE "! ...
                   ... :X ...
                   ... (LISTE (ER :N) - 1)))
ENDE
```

```
PR ABL.LN :X
 RÜCKGABE (LISTE "QUOT ...
            ... [1] ...
            ... :X)
ENDE
```

```
PR ABL.EXP :X
 RÜCKGABE (LISTE "EXP :X)
ENDE
```

```
? ABL.LN [U]
ERGEBNIS: [QUOT [1] [U]]

? ABL.! [U] [5]
ERGEBNIS: [PROD [5] [! [U] [4]]]
```

Beim Ableiten einer dieser Funktionen muß immer die Kettenregel in Betracht gezogen werden. Sie wird durch eine Prozedur realisiert, die auf Funktionen angewandt wird. Wir nehmen an, daß :F der Präfixterm einer einstelligen Funktion ist, z.B.

```
[SIN [...]]
```

Damit ergibt sich gemäß der Regel

```
[f (u)]' = u' * f'(u)
```

die Prozedur

```
PR KETTENABL :F
 RÜCKGABE (LISTE "PROD ...
              ... ABL (ER OE :F) ...
              ... TUE (ME (WORT "ABL. ER :F) ...
                      ... OE :F))
ENDE

? KETTENABL [SIN [SUMME [2] [X]]]
ERGEBNIS: [PROD [SUMME [0] [1]] [COS [SUMME [2] [X]]]]
```

Bei WORT "ABL.ER :F wird also der Name der Ableitungsprozedur, z.B. ABL.SIN, aus ABL. und dem Funktionssymbol, z.B. SIN, zusammengesetzt. Für die Gesamtableitung ABL, die wir bisher als bekannt vorausgesetzt haben, müssen wir folgende Fallunterscheidung treffen, die noch einfache Differenzierungsregeln systematisch zusammenfaßt. Die eingegebene Termliste enthält

- ein Element: Dies ist dann entweder X oder eine Konstante, die zugehörige Ableitung ist [1] oder [0],
- zwei Elemente: Es handelt sich um eine einstellige Funktion, die mit der Kettenregel abzuleiten ist.
- drei Elemente: Es handelt sich um die Ableitung der Grundrechenarten.

(Die Potenzfunktion x^n muß noch zu den Funktionen gerechnet werden, obwohl sie vom Übersetzer als zweistellige Operation behandelt wird.)

```
PR ABL :F
 WENN (OE :F) = [] DANN ...
  ... WENN :F = [X] DANN RÜCKGABE [1] ...
                ... SONST RÜCKGABE [0]
 WENN EINES? (OE OE :F = []) (ER :F = "! ) ...
  ... DANN RÜCKGABE KETTENABL :F
 RÜCKGABE TUE ME (WORT "ABL. ER :F) ...
             ... (OE :F)
ENDE
```

```
? ABL [PROD [X] [SIN [SUMME [X] [12]]]]
ERGEBNIS: [SUMME [PROD [1] [SIN [SUMME [X] [12]]]] ...
          ... [PROD [X] [PROD [SUMME [1] [0]] ...
                              ... [COS [SUMME [X] [12]]]]]]
```

Es war Ziel dieser Darstellung, so nahe wie möglich an den im klassischen Analysisunterricht gegebenen Regeln zu bleiben. Dazu würde wohl auch noch gehören, daß man Sonderfälle hinzunimmt, die verhindern, daß die entstehenden algebraischen Ausdrücke unnötig Nullen oder Einsen enthalten, z.B. die Regel für eine Konstante C

$$[C \cdot f(x)]' = C \cdot f'(x)$$

als Sonderfall der Produktregel.
Es bleibt dem Leser überlassen solche Regeln zusätzlich einzuführen.
Im Hinblick auf Umformungen und Vereinfachungen der entstehenden abgeleiteten Terme bietet es sich an, Mehrfachsummen und die Summen- und Produktregel auf Mehrfachprodukte zu verallgemeinern.

5.3 Vereinfachung von Präfix-Ausdrücken

In vielen Fällen liefert das Ableitungsverfahren Ausdrücke, die durch Weglassen von Summanden mit dem Wert 0 oder Faktoren mit dem Wert 1 erheblich vereinfacht werden können. Das nachfolgend beschriebene Vereinfachungsprogramm berücksichtigt in Form einer Fallunterscheidung die möglichen Trivialfälle.
Bei der Vereinfachung eines Terms sind genau wie bei ABL die Fälle,

- daß ein Element,
- eine einstellige Funktion und
- eine Operation (hier einschließlich des Potenzierens) vorliegt,

zu unterscheiden.
Dabei sind die Terme bei Funktionen und Operationen jeweils noch zu vereinfachen:

```
PR VER :TERM
 WENN (OE :TERM) = [] DANN RÜCKGABE :TERM
 WENN (OE OE :TERM) = [] ...
   ... DANN RÜCKGABE LISTE (ER :TERM) ...
                        ... (VER ER OE :TERM)
 RÜCKGABE VER.OP (ER :TERM) ...
             ... VER (ER OE :TERM) ...
             ... VER (LZ :TERM)
ENDE
```

Die Prozedur VER.OP zum Vereinfachen eines Terms mit einer Operation stellt eine größere Fallunterscheidung dar.

```
PR VER.OP :OP :A :B
 PRÜFE :OP = "SUMME
 WENNWAHR WENN :A = [0] DANN RG :B
 WENNWAHR WENN :B = [0] DANN RG :A
 PRÜFE :OP = "DIFF
 WENNWAHR WENN :B = [0] DANN RG :A
 PRÜFE :OP = "PROD
 WENNWAHR WENN EINES? (:A = [0]) (:B = [0]) DANN RG [0]
 WENNWAHR WENN :A = [1] DANN RG :B
 WENNWAHR WENN :B = [1] DANN RG :A
 PRÜFE :OP = "QUOT
 WENNWAHR WENN :A = [0] DANN RG [0]
 WENNWAHR WENN :B = [1] DANN RG :A
 PRÜFE :OP =!
 WENNWAHR WENN :B = [1] DANN RG :A
 WENNWAHR WENN :B = [0] DANN RG [1]
 WENNWAHR WENN EINES? (:A = [1]) (:A = [0]) DANN RG :A
 RG (LISTE :OP :A :B)
ENDE

? VER [SUMME [1] [0]]
ERGEBNIS: [1]

? VER [SUMME [PROD [1] [5]] [PROD [X] [0]]]
ERGEBNIS: [5]
```

Die Einarbeitung von VER in die Prozedur ABL wird dadurch realisiert, daß nur vereinfachte Ableitungsergebnisse zurückgegeben werden:

```
PR ABL :F
 WENN (OE :F) = [] DANN ...
   ... WENN :F = [X] DANN RÜCKGABE [1] ...
                ... SONST RÜCKGABE [0]
 WENN EINES? (OE OE :F = []) (ER :F = "! ) ...
   ... DANN RÜCKGABE VER KETTENABL :F
 RÜCKGABE VER TUE ME (WORT "ABL. ER :F) ...
                  ... (OE :F)
ENDE

? ABL [PROD [X] [SIN [SUMME [X] [12]]]]
ERGEBNIS: [SUMME [SIN [SUMME [X] [12]]] ...
             ... [PROD [X] [COS [SUMME [X] [12]]]]]
```

5.4 Numerische Auswertung abgeleiteter Terme

Zur Berechnung des numerischen Werts der Ableitung an einer Stelle kann man je nach Aufgabenstellung verschieden vorgehen. Die in einem abgeleiteten Term vorhandenen Funktionen und Operationen müssen natürlich im Logosystem oder in der Programmierumgebung vorhanden sein. Man könnte nun so vorgehen, daß man vorgegebene

Terme nach :X statt X ableitet, wozu man lediglich die zweite Zeile in ABL verändern muß, und danach den Präfixterm in die algebraische Infix-Notation zurückübersetzt (vgl. 5.5). Mit TUE und einem konkreten Wert für :X kann man danach diesen Term evaluieren. Dabei müßte man allerdings beim Schreiben des Rückübersetzers darauf achten, daß die entstehenden Terme der Logo-Syntax entsprechen, die ja etwas von der üblichen Syntax algebraischer Ausdrücke abweicht. Stattdessen wollen wir jedoch lieber direkt den entstandenen Präfixterm numerisch evaluieren. Wir schreiben uns also eine dem TUE entsprechende Prozedur EVAL, die algebraische Terme in Präfix-Notation erwartet, wie sie von ABL erzeugt werden. Die Struktur der Prozedur ist analog zu ABL und VER:

```
PR EVAL :TERM
 WENN (OE :TERM) = [] DANN ...
  ... WENN ZAHL? (ER :TERM) ...
        ... DANN RÜCKGABE :TERM ...
        ... SONST RÜCKGABE WERT ER :TERM
 WENN (OE OE :TERM) = [] DANN ...
  ... RÜCKGABE TUE SATZ ER :TERM ...
                     ... EVAL LZ :TERM
 RÜCKGABE TUE (SATZ (ER :TERM) ...
                 ... (EVAL ER OE :TERM) ...
                 ... "( (EVAL LZ :TERM) ") )
ENDE
```

Es ist dabei natürlich vorausgesetzt, daß die Grundrechenarten auch in Funktionsschreibweise vorhanden sind (vgl. 8.2).
Für die Potenzfunktion gilt:

```
PR ! :X :N
 WENN :N = 0 DANN RÜCKGABE 1
 RÜCKGABE :X * ! :X (:N - 1)
ENDE
```

Damit kann man z.B. folgende Rechnungen ausführen, wobei A = π/180 = 0.0174533 ist:

```
? SETZE "A 0.0174533
? SETZE "F IPUEB [A * X * SIN ( X )]
? SETZE "X 90

? EVAL :F
ERGEBNIS: 1.5708

? EVAL ABL :F
ERGEBNIS: 0.0174533

? SETZE "X 45

? EVAL :F
ERGEBNIS: 0.55536
```

```
? EVAL ABL :F
ERGEBNIS: 0.567701

? EVAL ABL ABL :F
ERGEBNIS: -0.530677
```

Abschließend soll noch die Krümmung einer Funktion, die als Infix-Term gegeben ist, gemäß $k = \frac{y''}{(1 + y'^2)^{3/2}}$ definiert werden

```
PR KR :F :X
 SETZE "F IPUEB :F
 RÜCKGABE KR1 (ABL :F) :X
ENDE

PR KR1 :F1 :X
 LOKAL "K
 SETZE "K EVAL :F1
 RÜCKGABE (EVAL ABL :F1)/((1 + :K*:K)*(QW (1 + :K*:K)))
ENDE

? KR [X * X] 0
ERGEBNIS: 2.
```

5.5 Rückübersetzung

Der Rückübersetzer von Präfix - in Infixschreibweise hat eine ähnliche Struktur wie der Vereinfacher. Mit der Vorrangzahl V werden einige Klammernpaare eingespart. Es ist beim Übersetzungsergebnis zu beachten, daß gleichrangige Operationen immer von links nach rechts ausgeführt werden und Funktionen am stärksten ihr Argument binden. In dieser Hinsicht ist die übliche algebraische Schreibweise nicht konsequent.

```
PR INF :S
 WENN :S = "SUMME DANN RG "+
 WENN :S = "DIFF DANN RG "-
 WENN :S = "PROD DANN RG "*
 WENN :S = "QUOT DANN RG "/
 RG :S
ENDE

PR PIUEB :TERM
 RÜCKGABE PI :TERM 0
ENDE

PR PI :TERM :V

 WENN (OE :TERM) = [] DANN RG ER :TERM

 WENN (OE OE :TERM) = [] DANN ...
  ... RG (SATZ ER :TERM ...
           ... "( ...
           ... PI (ER OE :TERM) 0 ...
           ... ") )
```

```
 RÜCKGABE PI.OP (ER :TERM) ...
           ... PI (ER OE :TERM) (RANG ER :TERM) ...
           ... PI (ER OE OE :TERM) (RANG ER :TERM) + 1 ...
           ... :V
ENDE

PR PI.OP :OP :A :B :V
 PRÜFE NICHT? :V > RANG (ER :TERM)
 WENNWAHR RÜCKGABE (SATZ :A ...
                    ... INF ER :TERM ...
                    ... :B)
 WENNFALSCH RÜCKGABE (SATZ "( ...
                      ... :A ...
                      ... INF ER :TERM ...
                      ... :B ...
                      ... ") )
ENDE
```

Durch Verketten der Übersetzungs- und Ableitungsfunktionen ergibt sich die Differenzierungsfunktion, die Infixterme in abgeleitete Infixausdrücke überführt:

```
PR DIFFERENZIERE :F
 RÜCKGABE PIUEB ABL IPUEB :F
ENDE

? DIFFERENZIERE [3 * X ! 2 + 5 * X]
ERGEBNIS: [3 * 2 * X + 5]

? DIFFERENZIERE DIFFERENZIERE [3 * X ! 2 + 5 * X]
ERGEBNIS: [3 * 2]
```

6 Suchen in Baumstrukturen

6.1 Suche in der Breite

Eine Vielzahl von Problemen läßt sich dadurch lösen, daß man ausgehend von bekannten Anfangszuständen einen "Problembaum" von daraus abgeleiteten Zuständen (Knoten) aufbaut und untersucht. "Suche in der Breite" steht in diesem Zusammenhang für diejenige Vorgehensweise, bei der zunächst alle Knoten einer Verzweigungsebene (Tiefe) erzeugt werden, bevor man zur nächsten Verzweigungsebene übergeht. Die folgende Darstellung zeigt die Knoten eines Baums, numeriert entsprechend einer "Suche in der Breite" (Die Zahlen geben die Reihenfolge des Durchlaufs an):

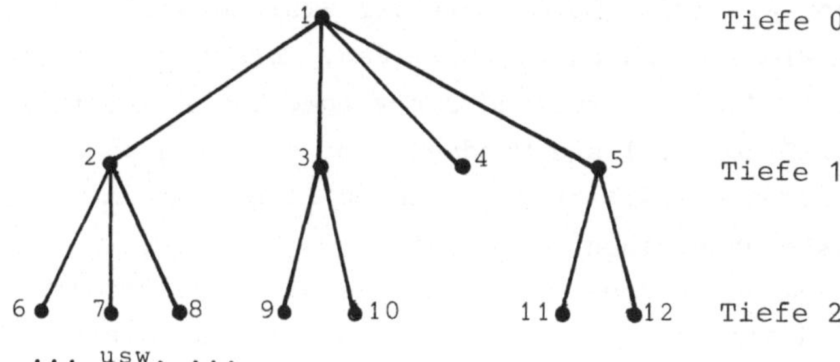

6.1.1 Ein Packproblem

Das folgende Problembeispiel eignet sich besonders gut für die Lösung durch ein "Suche in der Breite"-Verfahren:

> Ein Flugreisender hat noch 4 kg Fluggepäck frei, die er für verschiedene Mitbringsel nutzen möchte. Er will aus einem Sortiment von Souvenirs die im Rahmen der Gewichtsbeschränkung wertvollste Kombination aussuchen.

Artikel	A	B	C	D	E	F	G
Preis in DM	40	100	8o	50	120	180	30
Gewicht in g	7oo	1500	900	700	1700	2000	500

Da nach der Kombination mit dem maximalen Preis gefragt ist, muß der Problembaum vollständig aufgebaut werden, wozu sich die Suche

in der Breite anbietet.
Der Problembaum für die vier Artikel A, B, C, D hat folgende Gestalt

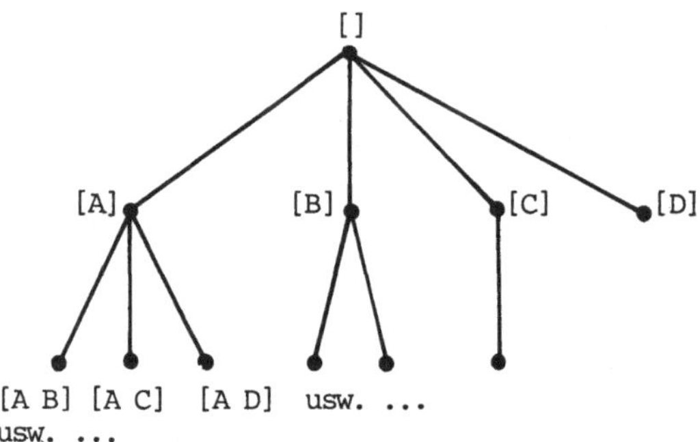

Die Kombinationen der ersten Verzweigungsebene sind einelementige Listen von Artikelsymbolen, die der zweiten Stufe zweielementige usw.. Um Wiederholungen zu vermeiden, werden nur solche Teillisten betrachtet, die entsprechend der vorgegebenen Gesamtliste geordnet sind. Eine Teilliste wird auf der nächsten Ebene also nur um solche Elemente erweitert, die ihren Elementen in der vorgelegten Gesamtliste nachfolgen.
Die Auswahl aller dieser Elemente leistet die Prozedur RESTLISTE. Dabei wird sinnvollerweise vorausgesetzt, daß die Liste L Teilliste der Gesamtliste GL ist und in GL keine Wiederholungen auftreten.

```
PR RESTLISTE :L :GL
 WENN :L = [] DANN RÜCKGABE :GL
 WENN :GL = [] DANN RÜCKGABE []
 WENN (LZ :L) = (ER :GL) DANN RÜCKGABE OE :GL
 RÜCKGABE RESTLISTE :L OE :GL
ENDE

? RESTLISTE [A G B] [A E G L B R V]
ERGEBNIS: [R V]
```

Die Problemstellung erfordert es, die Knoten des Baumes, d.h. Listen von Artikelsymbolen, nach Preis und Gewicht zu bewerten und die Kombination mit dem maximalen Preis zu ermitteln. Dazu legen wir zunächst eine globale Datenbasis an, die jedem Symbol eine Liste aus Preis und Gewicht zuordnet. Die Operatoren PREIS und GEWICHT greifen auf diese Eintragungen zu und erlauben neben der Eingabe eines einzelnen Symbols auch die einer Liste von Symbolen, wobei die einzelnen Werte aufsummiert werden. PREISMAX ermittelt aus einer Liste von Artikelkombinationen (gegeben als Listen oder einzelne Symbole) das Element mit dem maximalen Preis. Die globale Datenbasis kann folgendermaßen (im Editor) definiert werden:

```
SETZE "A [40 700]
SETZE "B [100 1500]
SETZE "C [80 900]
... usw. ...
```

Die zugehörigen Prozeduren sind

```
PR PREIS :LA
 WENN NICHT? LISTE? :LA DANN RÜCKGABE ER WERT :LA
 WENN :LA = [] DANN RÜCKGABE 0
 RÜCKGABE (PREIS ER :LA) + (PREIS OE :LA)
ENDE
```

PR GEWICHT ist entsprechend aufgebaut, wobei ... LZ WERT :LA in der Zeile 1 steht.

```
PR PREISMAX :LAK
 WENN (OE :LAK) = [] DANN RÜCKGABE ER :LAK
 PRÜFE (PREIS ER :LAK) > (PREIS ER OE :LAK)
 WENNWAHR RÜCKGABE PREISMAX ME (ER :LAK) (OE OE :LAK)
 WENNFALSCH RÜCKGABE PREISMAX OE :LAK
ENDE
```

(Es handelt sich hier um ein Parallelprogramm zu MAX aus 2.3.2)

```
? PREIS "F
ERGEBNIS: 180

? PREIS [B D]
ERGEBNIS: 150

? PREISMAX [F [B D] [C E]]
ERGEBNIS: [C E]
```

Das eigentliche Suchverfahren mit der Oberprozedur PACKE verlangt die Eingabe einer Gesamtliste GL von Artikelsymbolen, welche in der globalen Datenbasis vorhanden sein müssen, und einer Gewichtsgrenze GG. PACKE1 erhält als Eingabe die Liste LL aller Artikelkombinationen einer bestimmten Verzweigungsebene sowie die bis dahin maximale Kombination MAX und steuert den Aufbau der nächsten Ebene. Startwerte sind [[]] für LL und [] für MAX. Das Maximum wird ausgegeben, wenn keine neuen Knoten mehr hinzukommen (:LL = []), d.h. es sind alle unter Berücksichtigung der Reihenfolge und der Gewichtsbeschränkung zulässigen Kombinationen abgearbeitet.

```
PR PACKE :GL :GG
 RÜCKGABE PACKE1 [[]] []
ENDE

PR PACKE1 :LL :MAX
 WENN :LL = [] DANN RÜCKGABE :MAX
 SETZE "LL NÄCHSTE :LL
 RÜCKGABE PACKE1 :LL (PREISMAX ML :MAX :LL)
ENDE
```

Die Prozedur NÄCHSTE mit NÄCHSTE1 bestimmt zu einer Liste von Knoten die Liste aller unter der Gewichtsbedingung möglichen Nachfolgeknoten:

```
PR NÄCHSTE :LL
 WENN :LL = [] DANN RÜCKGABE []
 RÜCKGABE SATZ (NÄCHSTE1 (ER :LL) (RESTLISTE (ER :LL) :GL))...
          ... NÄCHSTE OE :LL
ENDE

PR NÄCHSTE1 :KNOTEN :RL
 WENN :RL = [] DANN RÜCKGABE []
 PRÜFE (GEWICHT :KNOTEN) + (GEWICHT ER :RL) > :GG
 WENNWAHR RÜCKGABE NÄCHSTE1 :KNOTEN (OE :RL)
 WENNFALSCH RÜCKGABE ME (ML (ER :RL) :KNOTEN) ...
                    ... (NÄCHSTE1 :KNOTEN (OE :RL))
ENDE

? PACKE [A B C D E F G] 4000
ERGEBNIS: [C D F]

? PACKE [A B C D E F G] 3500
ERGEBNIS: [C F G]

? PACKE [A B C D E] 2500
ERGEBNIS: [B C]

? PACKE [A B C D E] 3500
ERGEBNIS: [C D E]
```

6.1.2 Ein Wegenetz-Problem

Ein weiteres Problembeispiel, für das die Suche in die Breite angebracht ist, ist die Ermittlung der kürzesten Verbindung zwischen zwei Orten in einem Wegnetz mit Entfernungsangaben (mathematisch ausgedrückt: die Ermittlung des Minimalwegs zwischen zwei Ecken eines bewerteten Graphen). Der Einfachheit halber wird vorausgesetzt, daß zwischen zwei Orten (Ecken) immer nur höchstens eine Verbindung (Kante) existiert, und daß diese in beiden Richtungen durchlaufen werden kann. Wir stellen das folgende Wegnetz als globale Datenbasis in Logo dar:

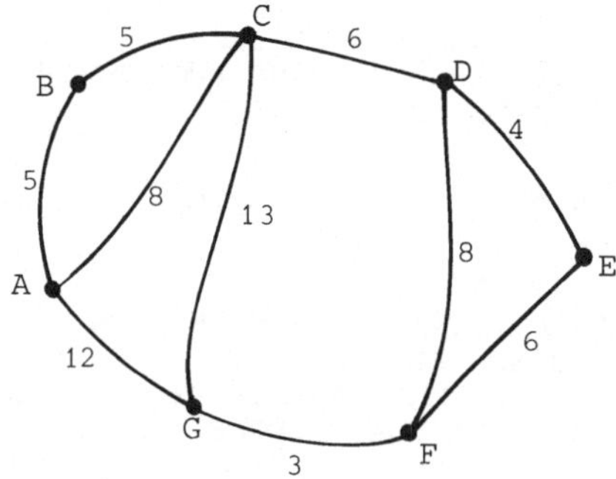


```
SETZE "ECKEN      [A B C D E F G]
SETZE "KANTEN     [[[A B]  5] [[A C]  8] ...
              ... [[A G] 12] [[B C]  5] ...
              ... [[C D]  6] [[C G] 13] ...
              ... [[D E]  4] [[D F]  8] ...
              ... [[E F]  6] [[F G]  3]]
```

Für die Konstruktion des Suchverfahrens benötigen wir einige problemspezifische Hilfsprozeduren:

- Die Identitätsbeziehung zwischen zwei Kanten unabhängig von deren Orientierung (ID? :K1 :K2).
- Die Abfrage, ob eine Kante in einer Liste von bewerteten Kanten enthalten ist (ENTH? :K :LK).
- Eine Prozedur, die die Nachbarn einer Ecke in einer Liste von Ecken bestimmt (NACHBARN :ECKE :LE).
- Die Angabe der Bewertung (Länge) einer Kante aus der Datenbasis (BEWERTUNG :KANTE, BEW1 :KANTE :LK).
- Eine Prozedur zur Ermittlung der Gesamtlänge eines als Liste gegebenen Wegs (DIST :WEG). Dabei setzen wir voraus, daß ein Weg vorliegt; im Hinblick auf die spätere Verwendung im Suchverfahren kann nämlich auf die Überprüfung der Wegeigenschaft verzichtet werden.
- Bestimmung des kürzesten Weges aus einer Liste von Wegen (MINWEG :WEGE).

```
PR ID? :KANTE :K2
 RÜCKGABE EINES? (:K1 = :K2) (:K1 = LISTE LZ :K2 ER :K2)
ENDE
```

```
PR ENTH? :KANTE :LK
 WENN :LK = [] DANN RÜCKGABE "FALSCH
 WENN ID? :KANTE (ER ER :LK) DANN RÜCKGABE "WAHR
 RÜCKGABE ENTH? :KANTE (OE :LK)
ENDE
```

(Die Prozedur ENTH? ist ein Parallelprogramm zu ELEMENT?, vgl. 2.1)

```
PR NACHBARN :ECKE :LE
 WENN :LE = [] DANN RÜCKGABE []
 PRÜFE ENTH? (LISTE :ECKE ER :LE) :KANTEN
 WENNWAHR RÜCKGABE ME (ER :LE) ...
                  ... (NACHBARN :ECKE (OE :LE))
 WENNFALSCH RÜCKGABE NACHBARN :ECKE (OE :LE)
ENDE
```

(Diese Prozedur entspricht strukturell der Prozedur SCHITT in 2.1.)

```
PR BEWERTUNG :KANTE
 RÜCKGABE BEW1 :KANTE :KANTEN
ENDE

PR BEW1 :KANTE :LK
 PRÜFE ID? :KANTE (ER ER :LK)
 WENNWAHR RÜCKGABE LZ ER :LK
 WENNFALSCH RÜCKGABE BEW1 :KANTE (OE :LK)
ENDE

PR DIST :WEG
 WENN :WEG = [] DANN RÜCKGABE 0
 WENN OE :WEG = [] DANN RÜCKGABE 0
 RÜCKGABE (BEWERTUNG LISTE (ER :WEG) (ER OE :WEG)) ...
      ... + (DIST OE :WEG)
ENDE

PR MINWEG :WEGE
 WENN OE :WEGE = [] DANN RÜCKGABE ER :WEGE
 PRÜFE (DIST ER :WEGE) < (DIST ER OE :WEGE)
 WENNWAHR RÜCKGABE MINWEG ME (ER :WEGE) ...
                        ... (OE OE :WEGE)
 WENNFALSCH RÜCKGABE MINWEG OE :WEGE
ENDE
```

Die Konstruktion des Suchverfahrens läßt sich nun ganz ähnlich wie im vorigen Beispiel durchführen (WZZ steht für "Wege zum Ziel"):

```
PR SUCHWEG :ANF :ZIEL
 RÜCKGABE SW1 (LISTE (LISTE :ANF)) []
ENDE

PR SW1 :WEGE :WZZ
 WENN :WEGE = [] DANN RÜCKGABE MINWEG :WZZ
 SETZE "WEGE NEUE :WEGE
 RÜCKGABE SW1 :WEGE (SATZ :WZZ ZIELWEGE :WEGE)
ENDE
```

Die Prozedur NEUE erzeugt für eine Liste von WEGEn eine Liste aller möglichen Fortsetzungswege. Dabei werden diejenigen Wege, die bereits zum Ziel führen, nicht fortgesetzt:

```
PR NEUE :WEGE
 WENN :WEGE = [] DANN RÜCKGABE []
 WENN :ZIEL = (LZ ER :WEGE) DANN RÜCKGABE NEUE OE :WEGE
 RÜCKGABE SATZ NEU1 (ER :WEGE) ...
                ... (NACHBARN (LZ ER :WEGE) ...
                          ... (M.DIFF :ECKEN (ER :WEGE))) ...
          ... (NEUE OE :WEGE)
ENDE
```

Mit M.DIFF (vgl. 2.1) werden jeweils nur die Ecken als mögliche Nachbarn der ersten Ecke eines Wegs in Betracht gezogen, die nicht schon im Weg enthalten sind.
Die Prozedur NEU1 erzeugt für einen WEG anhand der Liste aller Nachbarn NBL eine Liste aller möglichen Fortsetzungswege:

```
PR NEU1 :WEG :NBL
 WENN :NBL = [] DANN RÜCKGABE []
 RÜCKGABE ME (ML (ER :NBL) :WEG) ...
        ... (NEU1 :WEG (OE :NBL))
ENDE
```

ZIELWEGE sucht aus einer Liste von WEGEn alle Wege mit dem ZIEL als Endpunkt heraus (Parallelprozedur zu SCHNITT in 2.1):

```
PR ZIELWEGE :WEGE
 WENN :WEGE = [] DANN RÜCKGABE []
 PRÜFE :ZIEL = (LZ ER :WEGE)
 WENNWAHR RÜCKGABE ME (ER :WEGE) ...
                  ... (ZIELWEGE OE :WEGE)
 WENNFALSCH RÜCKGABE ZIELWEGE OE :WEGE
ENDE
```

Beispiele mit der obigen Datenbasis:

```
? SUCHWEG "E "A
ERGEBNIS: [E D C A]

? SUCHWEG "B "F
ERGEBNIS: [B C D F]
```

6.2 Suche in der Tiefe

Die im vorigen Abschnitt behandelten Problemlösungen erforderten das systematische, vollständige Absuchen des Problembaums. Dies ist jedoch in vielen anderen Zusammenhängen nicht notwendig. Oft geht es allein darum, von einem gegebenen Anfangszustand aus durch Anwendung bestimmter Operatoren einen ebenfalls explizit bekannten Zielzustand zu erreichen bzw. konstruktiv nachzuweisen, daß dieser Zustand erreicht werden kann. Auf diese Weise lassen sich z.B. viele Knobelaufgaben lösen und Spielstrategien für Einper-

sonenspiele (logische Puzzles) beschreiben.
Im folgenden soll als erstes eine allgemeine Prozedur TSUCHE vorgestellt werden, welche die Suche in der Tiefe kontrolliert. Sie wird dann auf konkrete Probleme angewandt. Das Verfahren beruht darauf, daß von dem zuletzt erzeugten Knoten des Problembaumes immer erst weiter in die Tiefe gearbeitet wird, also nicht zunächst die entsprechende Ebene vervollständigt wird. Es können dabei zwei verschiedene Situationen auftreten: Entweder führt der untersuchte Zweig zum Ziel. Dann sollte die Liste der bis dahin verwendeten Operatoren zurückgegeben werden; oder aber es handelt sich um eine Sackgasse, was durch die Rückmeldung "Fehlanzeige " (FAZ) angezeigt wird.
Die folgende Zeichnung zeigt das Beispiel einer Suche in der Tiefe mit drei Operatoren X, Y und Z. - steht für "Suche erfolglos abgebrochen",+ steht für "Ziel erreicht".

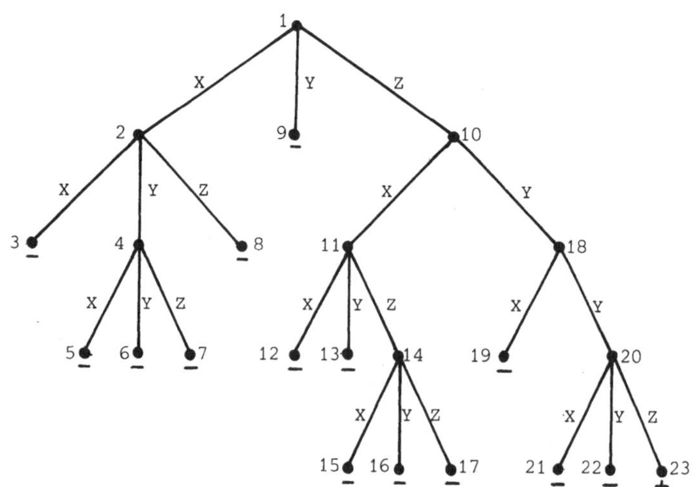

Lösung: Operatorfolge Z, Y, Y, Z

Der erfolglose Abbruch der Suche kann je nach Problemkontext aus verschiedenerlei Gründen erfolgen, z.B. weil die maximal zugelassene Suchtiefe überschritten ist oder weil sich der aktuelle Zustand nicht mehr auf das Ziel hin transformieren läßt. Im Abbruch wird zu dem nächsthöheren Knoten, bei dem noch Zweige offen sind, zurückgegangen und dort weitergesucht. (Vgl. etwa den Sprung von 8 auf 9 oder - noch deutlicher - von 17 auf 18). Eine solche "Back-tracking"-Strategie läßt sich rekursiv sehr elegant beschreiben.

Die Prozedur TSUCHE hat eine Liste von Operatoren, die in dieser Reihenfolge angewandt zum Ziel führen, bzw. die Fehlanzeigemeldung (FAZ) als Ergebnis. Sie arbeitet mit den Eingabeparametern ZST (aktueller Zustand), OPL (Aktuell verfügbare Operatorliste), T (aktuelle Suchtiefe) und MEMO (Liste der auf dem direkten Weg zum aktuellen Knoten erzeugten Zustände - alle Sackgassen sind "vergessen"). Der Parameter MEMO ist dann von Bedeutung, wenn es darum geht, die wiederholte Reproduktion der selben Zustände in einer unendlichen Schleife zu vermeiden. Die lokalen Variablen ZST.NEU und WEITER dienen als Abkürzungen für neu erzeugten Zustand bzw. das Ergebnis der Weitersuche in dem dadurch eröffneten Zweig. TSUCHE verwendet darüberhinaus die problemspezifischen Prozeduren ABBRUCH? und AMZIEL?, sowie die global bzw. in einer Rahmenprozedur zu setzenden Variablen TMAX (maximale Suchtiefe) und GOPL (Gesamtoperationsliste). Alle Operatoren in der global vorhandenen Liste GOPL müssen als Prozeduren vorliegen, die angewandt auf einen Zustand einen weiteren Zustand erzeugen.

```
PR TSUCHE :ZST :OPL :T :MEMO
 LOKAL "ZST.NEU LOKAL "WEITER

 WENN :T > :TMAX DANN RÜCKGABE "FAZ
 WENN :OPL = [] DANN RÜCKGABE "FAZ
 WENN ABBRUCH? :ZST DANN RÜCKGABE "FAZ

 SETZE "ZST.NEU TUE LISTE (ER :OPL) :ZST
 WENN AMZIEL? :ZST.NEU DANN RÜCKGABE (LISTE ER :OPL)

 SETZE "WEITER TSUCHE :ZST.NEU ...
                  ... :GOPL ...
                  ... :T + 1 ...
                  ... ML :ZST :MEMO
 PRÜFE :WEITER = "FAZ
 WENNWAHR RÜCKGABE TSUCHE :ZST (OE :OPL) :T :MEMO
 WENNFALSCH RÜCKGABE ME (ER :OPL) :WEITER
ENDE
```

Die ersten drei WENN-Zeilen beschreiben negative Ausgänge des Suchvorgangs (Rückgabe von FAZ).

Der Zustand ZST.NEU entsteht durch Anwendung des ersten Operators von OPL auf den aktuellen Zustand ZST. ZST.Neu wird vor der Weitersuche daraufhin überprüft, ob er die Zielbedingung (AMZIEL?) bereits erfüllt. Im positiven Fall ist die Liste mit dem zuletzt verwendeten Operator zurückzugeben. Andernfalls wird das Ergebnis des Weitersuchens in die Tiefe , d.h. das Ergebnis von TSUCHE mit ZST.NEU, um 1 erhöhter Suchtiefe (T + 1), der gesamten Operatorliste (GOPL) und der um den letzten Zustand verlängerten MEMO-Liste, durch die lokale Variable WEITER festgehalten. Hat WEITER den Wert FAZ, also "Fehlanzeige", muß durch Verkürzung der Operatorliste in die Breite gegangen werden (vorletzte Zeile). Liefert WEITER eine positive Rückmeldung in Form einer Operatorliste, wird diese um den zuletzt angewandten Operator erweitert zurückgegeben. Es empfiehlt sich, TSUCHE von einer Rahmenprozedur aus zu starten und dabei die notwendigen Parameterbelegungen vom Benutzer abzufragen.

```
PR RAHMEN
 DRUCKE [OPERATOREN: ...]
 SETZE "GOPL LIESLISTE

 DRUCKE [ANFANGSZUSTAND:]
 SETZE "ANF ER LIESLISTE

 DRUCKE [ZIEL: .........]
 SETZE "ZIEL ER LIESLISTE

 DRUCKE [MAX. SUCHTIEFE:]
 SETZE "TMAX ER LIESLISTE

 DRUCKEZEILE []
 TSUCHE :ANF :GOPL 1 []

ENDE
```

6.2.1 Ermittlung von Lösungswegen für die Berechnung im rechtwinkligen Dreieck

Als erste Anwendung unseres "back-tracking"-Verfahrens wollen wir uns folgende einfache Aufgabe vornehmen:

> In einem rechtwinkligen Dreieck sind zwei Bestimmungsstücke (Seiten, Höhe, Hypotenusenabschnitte) gegeben und eines gesucht.

Der Anfangszustand wird durch eine Liste mit den gegebenen Bestimmungsstücken beschrieben. Die Operatoren entsprechen den bekannten Sätzen im rechtwinkligen Dreieck. Die Anwendung eines solchen Operators erweitert gegebenenfalls die Zustandsliste um ein weiteres Bestimmungsstück. Das Ziel ist erreicht, wenn das gesuchte Stück in der Zustandsliste enthalten ist. Beispielsweise verknüpft der Kathetensatz zur Seite a den zugehörigen Hypotenusen-

abschnitt p, die Hypotenuse c und die Seite a selbst. Enthält die vorgegebene Liste ganau zwei dieser Bestimmungsstücke, so kann sie durch Anwendung des zugehörigen Operators um das dritte erweitert werden.
Wir wählen folgende Bezeichnungen für die Bestimmungsstücke:

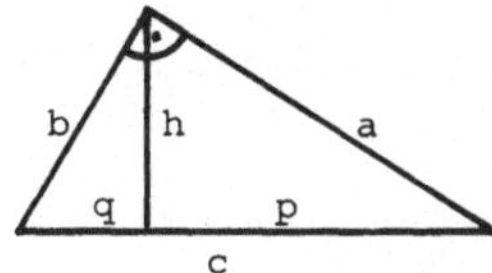

Regel	Bestimmungsstücke	Prozedur
Pythagoras über c	a, b, c	PY.C
Höhensatz	h, p, q	HS
Kathetensatz zu a	a, c, p	KS.A
Kathetensatz zu b	b, c, q	KS.B
Pythagoras über a	a, h, p	PY.A
Pythagoras über b	b, h, q	PY.B
c = p+q	c, p, q	CPQ
Flächensatz (c·h = a·b)	a, b, c, h	FS

Die Prozeduren seien an zwei Beispielen exemplarisch erläutert. Die verwendeten Hilfsprozeduren LÄNGE, SCHNITT und VEREIN entsprechen den Mengenoperationen aus 2.1.

```
PR PY.C :Z
 WENN (LÄNGE SCHNITT :Z [A B C]) = 2 ...
  ... DANN RÜCKGABE VEREIN :Z [A B C]
 RÜCKGABE :Z
ENDE

PR FS :Z
 WENN (LÄNGE SCHNITT :Z [A B C H]) = 3 ...
  ... DANN RÜCKGABE VEREIN :Z [A B C H]
 RÜCKGABE :Z
ENDE
```

Neben der Beschränkung der Suchtiefe gibt es nur die eine Abbruchbedingung, daß ein Zustand sich nicht selbst reproduzieren soll, da man sonst unendliche Schleifen erhielte. Dazu ist es lediglich notwendig, den aktuellen Zustand mit dem letzten Element der Liste MEMO, nämlich dem direkt vorangegangenen Zustand zu vergleichen.

```
PR ABBRUCH? :Z
 PRÜFE :MEMO = []
 WENNWAHR RÜCKGABE "FALSCH
 WENNFALSCH RÜCKGABE :Z = LZ :MEMO
ENDE
```

(ABBRUCH? "übernimmt" die lokale Variable MEMO aus der Oberprozedur TSUCHE)

Durch diese äußerst einfache Abbruchbedingung ist schon sichergestellt, daß jeder Zustand, der zur Weiterverarbeitung gelangt, eine echte Erweiterung des vorigen darstellt.
Während der Anfangszustand sinnvollerweise als eine Liste von Bestimmungsstücken eingegeben wird, genügt als Zielangabe ein einzelnes Bestimmungsstück. Die Erfolgsmeldung wird gegeben, wenn das gesuchte Stück in der Zustandsliste enthalten ist:

```
PR AMZIEL? :Z
 RÜCKGABE ELEMENT? :ZIEL :Z
ENDE

? RAHMEN
OPERATOREN: ... PY.C HS CPQ KS.A KS.B PY.A PY.B FS
ANFANGSZUSTAND: [H Q]
ZIEL: ......... A
MAX. SUCHTIEFE: 5
ERGEBNIS: [HS CPQ KS.A]

? RAHMEN
OPERATOREN: ... PY.C HS CPQ KS.A KS.B PY.A PY.B FS
ANFANGSZUSTAND: [A Q]
ZIEL: ......... B
MAX. SUCHTIEFE: 8
ERGEBNIS: FAZ

?RAHMEN
OPERATOREN: ... PY.C HS CPQ PY.A PY.B FS
ANFANGSZUSTAND: [P Q]
ZIEL: ......... B
MAX. SUCHTIEFE: 5
ERGEBNIS: [HS CPQ PY.A PY.C]

? RAHMEN
OPERATOREN: ... FS PY.B PY.A CPQ HS PY.C
ANFANGSZUSTAND: [P Q]
ZIEL: ......... B
MAX. SUCHTIEFE: 5
ERGEBNIS: [CPQ HS PY.B]

? RAHMEN
OPERATOREN: ... PY.C HS CPQ PY.A PY.B FS
ANFANGSZUSTAND: [P Q]
ZIEL: ......... B
MAX. SUCHTIEFE: 3
ERGEBNIS: [HS CPQ PY.B]
```

Die Laufbeispiele zeigen, daß die ermittelte Lösung noch nicht durch die Angabe von Anfangszustand und Ziel festgelegt ist. Eine Änderung in der Reihenfolge der Operatoren oder der maximalen Suchtiefe kann das Ergebnis verändern. Außerdem gibt es zwei Fälle, wo eine Zustandsliste mit zwei Bestimmungsstücken auch durch die vollständige Liste der verfügbaren Operatoren nicht erweitert

werden kann ([A Q] bzw. [B P]).
Die eben betrachtete, relativ einfache Problemstellung, nützt die Möglichkeiten der Prozedur TSUCHE keineswegs voll aus. So können etwa Sackgassen, die einen Rücksprung über mehr als eine Ebene erfordern, nur durch die Begrenzung der Suchtiefe vorkommen. Andererseits ist die Begrenzung der Suchtiefe hier nicht einmal notwendig. Anstatt die Liste MEMO mitzuführen, könnte man sich darauf beschränken, lediglich den unmittelbar vorhergehenden Zustand zu merken. Viele Denksportaufgaben sind in dieser Hinsicht anspruchsvoller.

6.2.2 Das Missionare-Kannibalen-Problem

> Drei Kannibalen und drei Missionare befinden sich am Ufer eines Flusses, und zwar wollen wir annehmen, auf der rechten Seite. Sie wollen den Fluß überqueren, dazu steht ihnen nur ein Boot zur Verfügung, das bis zu zwei Personen aufnehmen kann. Dabei ist allerdings zu beachten, daß überall dort, wo sich Missionare aufhalten, diese gegenüber den Kannibalen nicht in der Minderzahl sein dürfen, da sie sonst Gefahr liefen, überwältigt und verspeist zu werden .
> Ist es möglich, daß unter diesen Voraussetzungen alle sechs Personen wohlbehalten auf die linke Seite übersetzen und wenn ja - wie?

Nachdem wir über die Prozedur TSUCHE verfügen, stellt sich nur noch das Problem, eine geeignete Repräsentation für die Knoten des Problembaums zu finden und Operatoren zu definieren, die darauf arbeiten. Wie nicht anders zu erwarten, eignet sich dazu eine Liste, und zwar bestehend aus einem Merker für die Position des Bootes (1 für rechts, -1 für links) und zwei Zahlenpaaren, die die Anzahl der Missionare und Kannibalen auf jedem Ufer enthalten. Der Anfangszustand hätte damit die folgende Gestalt:

```
[1 [0 0] [3 3]]
```

Irgendein Zustand wäre etwa

```
[-1 [0 2] [3 1]]
```

d.h. Boot: links
linkes Ufer: 0 Missionare, 2 Kannibalen
rechtes Ufer: 3 Missionare, 1 Kannibale

Die Formulierung der Operatoren fällt besonders einfach aus, wenn man auf die Vektoroperationen der Addition und Multiplikation mit einem Skalar zurückgreift (Prozeduren V.ADD und V.SK.MULT siehe Abschnitt 8.5). Die Hilfsprozedur ZUG erhält als Eingaben die Position des Bootes (POS mit Werten ± 1), die Besetzung des linken und des rechten Ufers , sowie die Besetzung des Bootes bei der Überfahrt (TRANS) und gibt die veränderte Zustandsliste aus:

```
PR ZUG :POS :LINKS :RECHTS :TRANS
 RÜCKGABE (LISTE (- :POS) ...
             ... (V.ADD :LINKS V.SK.MULT :POS :TRANS) ...
             ... (V.ADD :RECHTS V.SK.MULT (- :POS) :TRANS))
ENDE

? ZUG 1 [0 0] [3 3] [0 2]
ERGEBNIS: [-1 [0 2] [3 1]]
```

Die Überfahrt eines Missionars und eines Kannibalen wird durch den Operator MIKA dargestellt:

```
PR MIKA :Z
 RÜCKGABE ZUG (ER :Z) (ER OE :Z) (LZ :Z) [1 1]
ENDE
```

Alle übrigen Operatoren unterscheiden sich nur in der Belegung des Eingabeparameters TRANS.

Operator	KAKA	KA	MIKA	MI	MIMI
TRANS	[0 2]	[0 1]	[1 1]	[1 0]	[2 0]

Durch diese Darstellung ist nicht ausgeschlossen, daß die Operatoren auch unzulässige Zustände erzeugen, d.h. solche, bei denen die Anzahl von Kannibalen bzw. Missionaren auf einer Seite negativ wird, oder solche, bei denen Missionare von Kannibalen majorisiert würden. Wir nehmen die Prüfung der Zulässigkeit im Rahmen der Prozedur ABBRUCH? vor. Als weitere Abbruchbedingung ist der Fall zu berücksichtigen, daß ein bereits vorhandener Zustand erzeugt wurde.

```
PR ABBRUCH? :Z
 WENN ELEMENT? :Z :MEMO DANN RÜCKGABE "WAHR
 RÜCKGABE UNZULÄSSIG? (ER ER OE :Z) ...
                  ... (LZ ER OE :Z) ...
                  ... (ER LZ :Z) ...
                  ... (LZ LZ :Z)
ENDE
```

UNZULÄSSIG? verlangt die jeweiligen Anzahlen von Missionaren und Kannibalen am linken und rechten Ufer als Eingaben und überprüft die Zulässigkeit des so beschriebenen Zustands. Natürlich dürfen die Anzahlen nicht negativ ausfallen, und außerdem dürfen an keinem Ufer, wo sich Missionare befinden, die Kannibalen in der Überzahl sein.

```
PR UNZULÄSSIG? :ML :KL :MR :KR
 WENN (EINES? (:ML < 0) (:KL < 0) (:MR < 0) (:KR < 0)) ...
   ... DANN RÜCKGABE "WAHR
 RÜCKGABE (EINES? ALLE? (:ML > 0) (:KL > :ML) ...
               ... ALLE? (:MR > 0) (:KR > :MR))
ENDE
```

Schließlich fehlt die Zielbedingung, die hier ganz einfach ausfällt:

```
PR AMZIEL? :Z
 RÜCKGABE :Z = :ZIEL
ENDE
```

Laufbeispiele:

```
? RAHMEN
OPERATOREN: ... MIKA KAKA MIMI KA MI
ANFANGSZUSTAND: [1 [0 0] [3 3]]
ZIEL: ......... [-1 [3 3] [0 0]]
MAX. SUCHTIEFE: 11
ERGEBNIS: [MIKA MI KAKA KA MIMI MIKA MIMI KA KAKA KA KAKA]
?RAHMEN
OPERATOREN: ... MIKA KAKA MIMI KA MI
ANFANGSZUSTAND: [1 [0 0] [3 3]]
ZIEL: ......... [-1 [3 3] [0 0]]
MAX. SUCHTIEFE: 10
ERGEBNIS: FAZ
```

Damit ist bewiesen, daß es keine Lösung mit weniger als 11 Schritten gibt.

```
? RAHMEN
OPERATOREN: ... MI KA MIMI KAKA MIKA
ANFANGSZUSTAND: [1 [0 0] [3 3]]
ZIEL: ......... [-1 [3 3] [0 0]]
MAX. SUCHTIEFE: 11
ERGEBNIS: [KAKA KA KAKA KA MIMI MIKA MIMI KA KAKA MI MIKA]
?RAHMEN
OPERATOREN: ... MIKA KAKA MIMI KA MI
ANFANGSZUSTAND: [1 [0 0] [4 4]]
ZIEL: ......... [-1 [4 4] [0 0]]
MAX. SUCHTIEFE: 20
ERGEBNIS: FAZ
```

Es gibt also für zweimal vier Personen keine Lösung mit höchstens 20 Zügen. Man kann zeigen, daß es überhaupt keine gibt (vgl. Gardener 1980).

```
? RAHMEN
OPERATOREN: ... MIKA KAKA MIMI KA MI
ANFANGSZUSTAND: [1 [0 0] [5 4]]
ZIEL: ......... [-1 [5 4] [0 0]]
MAX. SUCHTIEFE: 20
ERGEBNIS: [MIKA KA MIKA MIMI KAKA KA MIMI KA MIKA MI ...
          ... MIKA KA MIKA MI MIKA KA MIKA]
```

Durch einige kleine Zusätze in den Prozeduren RAHMEN und TSUCHE läßt sich der Suchvorgang transparent machen.Dies ist besonders dann interessant, wenn es sich um komplexere Fälle mit dementsprechend längeren Laufzeiten handelt. Wir lassen dazu bei jedem Aufruf von TSUCHE in drei dafür reservierten Bildschirmzeilen den aktuellen Zustand, die Suchtiefe und die Liste von Operatoren ausdrucken. Folgende Ergänzungen sind erforderlich:

```
PR RAHMEN
 LÖSCHESCHIRM
 DRUCKE  OPERATOREN: ...
 ... (identisch mit der alten Version bis:) ...
 SETZE "TMAX ER LIESLISTE
 DRUCKEZEILE []
 DRUCKEZEILE [ZUSTAND:..]
 DRUCKEZEILE [TIEFE:....]
 DRUCKEZEILE [OP.-LISTE:]
 SETZE "ERG TSUCHE :ANF :GOPL 1 []
 BLINKER 0 9
 DRUCKEZEILE (LISTE "ERGEBNIS: :ERG)
ENDE
PR TSUCHE :ZST :OPL :T :MEMO
 DEMO :ZST :T :OPL
 LOKAL "ZST.NEU
 ... (Rest der alten Version unverändert) ...
ENDE
PR DEMO :ZST :T :OPL
 BLINKER 12 5 DRUCKEZEILE :ZST
 BLINKER 12 6 DRUCKEZEILE :T
 BLINKER 12 7 DRUCKEZEILE :OPL
 LOKAL "X SETZE "X LIESTASTE
ENDE
```

Die letzte Zeile in Demo bewirkt ein Pausieren der Programmausführung, bis irgendein Tastendruck erfolgt. Sie kann natürlich auch weggelassen werden.

Diese Änderungen bewirken, daß bespielsweise der Aufruf

```
? RAHMEN
OPERATOREN: ... MIKA KAKA MIMI KA MI
ANFANGSZUSTAND: [1 [0 0] [3 3]]
ZIEL: ......... [-1 [3 3] [0 0]]
MAX. SUCHTIEFE: 11
```

eine Art Ablaufmitschau des Suchvorgangs auf dem Bildschirm nach sich zieht, beginnend mit:

```
...
ZUSTAND:..  1 [0 0] [3 3]
TIEFE:....  1
OP.-LISTE:  MIKA KAKA MIMI KA MI
...
ZUSTAND:..  -1 [1 1] [2 2]
TIEFE:....  2
OP.-LISTE:  MIKA KAKA MIMI KA MI
...
ZUSTAND:..  1 [0 0] [3 3]
TIEFE:....  3
OP.-LISTE:  MIKA KAKA MIMI KA MI
...
ZUSTAND:..  -1 [1 1] [2 2]
TIEFE:....  2
OP.-LISTE:  KAKA MIMI KA MI
...
ZUSTAND:..  1 [1 -1] [2 4]
TIEFE:....  3
OP.-LISTE:  MIKA KAKA MIMI KA MI
...
usw.
```

Die Prozedur TSUCHE erlaubt weitere vielfältige Anwendungen auf Probleme, bei denen Anfangs- und Zielzustand sowie alle verfügbaren Operatoren bekannt sind. Um eine Problemlösung durch TSUCHE ermitteln zu können, muß der Benutzer zuvor eine formale Darstellung der Zustände entwickeln und die Operatoren als Logo-Prozeduren darstellen. Dem Leser sei hier eine weitere Knobelaufgabe zur eigenen Bearbeitung empfohlen:

> Das Problem kann z.B. mit n weißen und n schwarzen Damesteinen auf 2n+1 Feldern durchgespielt werden.
> Für den Anfang empfiehlt es sich n = 3 zu wählen, also 7 Felder und je drei Steine einer Farbe. In der Ausgangsstellung werden die n Felder rechts mit weißen, die n Felder links mit schwarzen Steinen besetzt; das mittlere Feld bleibt frei. Für n = 3 ergibt sich also folgende Anfangssituation:

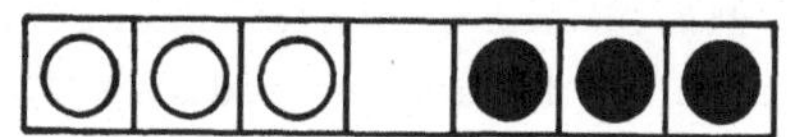

Das Spielziel besteht darin, die Positionen von Schwarz und Weiß zu vertauschen. Dabei sind folgende Zugregeln zu beachten:

- Weiß zieht nach links, Schwarz nach rechts
- Ein Zug erfolgt auf ein benachbartes freies Feld
  oder
  durch Überspringen eines benachbarten Steines, gleich welcher Farbe, auf das übernächste Feld - falls dieses frei ist.

Es muß nicht abwechselnd mit Schwarz und Weiß gezogen werden.

Hinweise zur Programmierung:
Es ist sinnvoll, die Zahl der Operatoren gering zu halten. In der Tat genügen vier Operatoren für beliebiges n.
Die Aufgabe ist für jede Anzahl n lösbar. Mit wachsendem n wird die Lösung durch das Suchverfahren aber unverhältnismäßig langsam. Aufgrund der Analyse einiger bekannter Lösungen kann man eine rekursive Strategie entwickeln und programmieren, die die direkte Konstruktion der Lösung für beliebiges n erlaubt.

6.3 Heuristisch gelenkte Suche

Wir hatten bereits gesehen, daß die Reihenfolge der Operatoren in der Gesamtliste die Problemlösung erheblich beeinflußt. Durch die in GOPL vorgegebene Ordnung der Operatoren werden globale Präferenzregeln für den Aufbau des Suchbaums festgelegt, so erhält der zuerst aufgeführte Operator grundsätzlich höchste Präferenz.
Es gibt nun Probleme, die eine größere Anzahl von Operatoren erfordern, von denen aber immer nur einige in der konkreten Situation anwendbar sind. In solchen Fällen und generell bei komplexeren Suchvorgängen empfiehlt es sich, an jedem neuen Knoten die überhaupt zulässigen Operatoren auszusondern und diese außerdem noch situationsbezogen auf das Ziel hin zu ordnen. Dadurch werden erfolgversprechende Zweige des Suchbaums zuerst durchlaufen, was den Suchvorgang in der Regel erheblich verkürzt. Man bezeichnet eine derartige Strategie als "heuristisch gelenkte Suche" und das Ordnungsprinzip für die Operatoren als "Heuristik".
Die notwendigen Änderungen in den Prozeduren TSUCHE und RAHMEN sind geringfügig. Wenn die Heuristik an ein spezielles Problem

gebunden ist und schon eine bestimmte Grundmenge von Operatoren vorgibt, entfällt sinnvollerweise die Eingabe der Operatorliste als Parameter in RAHMEN. Die ersten beiden Zeilen in RAHMEN sind also zu streichen.
Die Heuristik wird im folgenden durch eine Rozedur HEU (ggf. mit Unterprozeduren REKA o. ä.) realisiert. HEU erhält einen Zustand als Eingabe und liefert als Ergebnis eine zustandsabhängig geordnete und gesichtete Liste der beim nächsten Schritt in die Tiefe anwendbaren Operatoren. Die global vorhandenen Werte von ZIEL und ggf. GOPL stehen natürlich auch in HEU zur Verfügung.

HEU :ZST.NEU tritt damit in TSUCHE in der Zeile

```
SETZE "WEITER TSUCHE :ZST.NEU ...
                 ... :GOPL ...
                 ... :T + 1 ...
                 ... ML :ZST :MEMO
```

an die Stelle von :GOPL; die geänderte Zeile lautet damit:

```
SETZE "WEITER TSUCHE :ZST.NEU ...
                 ... HEU :ZST.NEU ...
                 ... :T + 1 ...
                 ... ML :ZST :MEMO
```

Ganz entsprechend erhält der Startaufruf von TSUCHE in RAHMEN die Gestalt:

```
... TSUCHE :ANF (HEU :ANF) 1 []
```

Die "Standard"-Bedingungen für ABBRUCH? und AMZIEL? lauten hier

```
PR ABBRUCH? :ZST
 RÜCKGABE ELEMENT? :ZST :MEMO
ENDE

PR AMZIEL? :ZST
 RÜCKGABE :ZST = :ZIEL
ENDE
```

6.3.1 Das "Doppelzug"-Problem

Das nachfolgende Problembeispiel ähnelt in gewisser Weise dem am Ende des vorigen Abschnitts gestellten Dame-Problem, erfordert aber mehr Operatoren.

Eine Reihe von 8 Spielfeldern ist von links her abwechselnd mit einem schwarzen und einem weißen Spielstein besetzt, insgesamt drei von jeder Farbe. Die letzten beiden Felder bleiben frei.

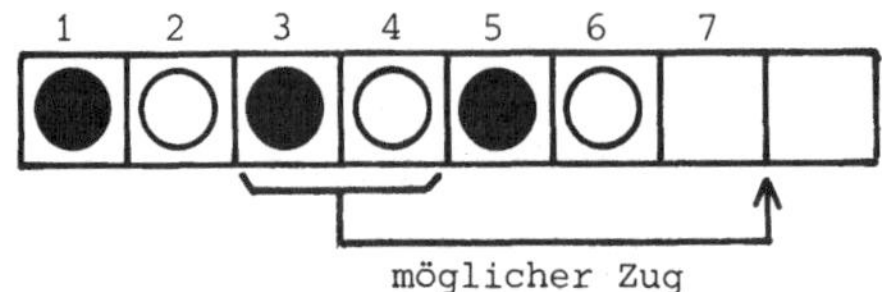

Das Ziel besteht darin, die Spielsteine in maximal vier Zügen so umzuordnen, daß die ersten beiden Felder unbesetzt sind, die nächsten drei mit den weißen und die restlichen drei mit den schwarzen Spielsteinen besetzt sind.

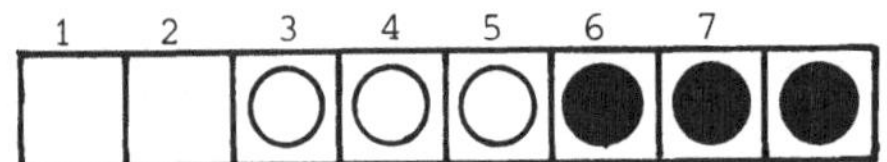

Dazu darf jeweils ein Paar von benachbarten Steinen unter Beibehaltung der Reihenfolge die Lücken besetzen. Die entstehende Lücke kann nun auf die gleiche Weise gefüllt werden, usw..

Als symbolische Repräsentation der Spielzustände bietet sich eine unverschachtelte Liste mit acht Elementen an: X für die Lücke, S bzw. W zur Bezeichnung der Spielsteine. Der Anfangszustand wird also wie folgt notiert:

[S W S W S W X X]

Für die Programmierung der Operatoren verwenden wir eine allgemeine Prozedur D.ZUG (Doppelzug), die auf Eingabe einer Doppelfeld-Position FELD und eines Zustands ZST den neuen Zustand erzeugt. Die Lage eines Doppelfeldes wird durch die Platznummer des linken Teilfeldes festgelegt.

? D.ZUG 3 [S W S W S W X X]

bedeutet also:

"Ziehe das Paar von Spielsteinen auf den Feldern 3/4 in die Lücke!"

und liefert somit:

ERGEBNIS: [S W X X S W S W].

Für die Formulierung von D.ZUG benötigen wir Verallgemeinerungen der Prozeduren F.PICKE und ERSETZE (vgl. Abschnitt 2.2) auf Paare benachbarter Elemente in einer Liste.

```
PR D.PICKE :POS :L
 WENN EINES? (:POS < 1) (OE :L = []) DANN RÜCKGABE []
 WENN :POS = 1 DANN RÜCKGABE LISTE (ER :L) (ER OE :L)
 RÜCKGABE D.PICKE :POS-1 (OE :L)
ENDE
```

Im Hinblick auf weitere Anwendungen ist D.PICKE so formuliert, daß bei unzulässigen Eingaben die leere Liste zurückgegeben wird.

```
PR D.ERSETZE :POS :PAAR :L
 WENN :POS = 1 DANN RÜCKGABE SATZ :PAAR (OE OE :L)
 RÜCKGABE MITERSTEM (ER :L) ...
                 ... D.ERSETZE (:POS - 1) ...
                           ... :PAAR ...
                           ... (OE :L)
ENDE
```

Damit entsteht D.ZUG durch zweimaliges Anwenden von D.ERSETZE:

```
PR D.ZUG :FELD :ZST
 RÜCKGABE D.ERSETZE :FELD [X X] ...
                 ... D.ERSETZE (POS "X :ZST) ...
                           ... (D.PICKE :FELD :ZST) ...
                           ... :ZST
ENDE
```

(Prozedur POS vgl. 8.3)

Es gibt nun sieben mögliche Operatoren, die mit F1 ... F7 bezeichnet werden sollen. Sie stellen einfache Spezialisierungen von D.ZUG dar, wie das Beispiel F1 zeigt:

```
PR F1 :ZST
 RÜCKGABE D.ZUG 1 :ZST
ENDE
```

Die Auswahl und heuristische Ordnung der Operatoren geschieht durch die Prozeduren HEU, REKA und VERGLEICH. Die heuristische Strategie beruht auf der Prozedur VERGLEICH, die die Übereinstimmung des zu versetzenden Paars von Elementen mit den ebenfalls als Paar geschriebenen Randelementen der Lücke bewertet (PX steht für die in der Oberprozedur HEU bestimmte Position der Lücke, FELD für die Platznummer des Ausgangsfeldes):

```
PR VERGLEICH :PAAR :RAND
 LOKAL "N
 SETZE "N 0

 WENN ALLE? (ER :RAND) = (ER :PAAR) ...
       ... (NICHT? :PX = :FELD + 2) ...
  ... DANN SETZE "N :N + 1

 WENN ALLE? (LZ :RAND) = (LZ :PAAR) ...
       ... (NICHT? :PX = :FELD - 2) ...
  ... DANN SETZE "N :N + 1

 RÜCKGABE :N
ENDE
```

Als Ergebnis von VERGLEICH sind die Werte 0, 1 und 2 möglich. Da der Zielzustand des Doppelzugproblems dadurch gekennzeichnet ist, daß möglichst viele Spielsteine gleicher Farbe benachbart sind, sollten Züge mit hoher Bewertung bevorzugt werden. In der Prozedur REKA werden die Operatoren mit dem Vergleichsergebnis VGL entsprechend in eine der Listen L0, L1 oder L2 eingeordnet. Dies geschieht in verallgemeinerter Form durch die Zeile

```
SETZE (WORT "L :VGL) ...
   ... ML (WORT "F :FELD) (WERT WORT "L :VGL).
```

Am Ende werden die drei Listen als (SATZ :L2 :L1 :L0) zusammengefaßt ausgegeben. Zuvor sind allerdings alle diejenigen Operatoren toren, die nicht angewendet werden können, weil das entsprechende Doppelfeld ganz oder teilweise unbesetzt ist, auszusondern. Die Oberprozedur HEU hat lediglich die Aufgabe, die Position der Lücke in ZST zu bestimmen und REKA mit den geeigneten Startwerten aufzurufen.

```
PR HEU :ZST
 LOKAL "PX
 SETZE "PX POS "X :ZST
 RÜCKGABE REKA 1 :ZST [] [] []
ENDE

PR REKA :FELD :ZST :L2 :L1 :L0
 LOKAL "PAAR
 SETZE "PAAR D.PICKE :FELD :ZST
 WENN :PAAR = [] DANN RÜCKGABE (SATZ  :L2 :L1 :L0)
 WENN (ELEMENT? "X :PAAR) ...
  ... DANN RÜCKGABE REKA :FELD+1 :ZST :L2 :L1 :L0
 LOKAL "RAND
 SETZE "RAND LISTE (E.PICKE :PX-1 :ZST) ...
               ... (E.PICKE :PX+2 :ZST)
 LOKAL "VGL
 SETZE "VGL VERGLEICH :PAAR :RAND
 SETZE (WORT "L :VGL) MITLETZTEM (WORT "F :FELD) ...
                               ... (WERT WORT "L :VGL)
 RÜCKGABE REKA (:FELD + 1) :ZST :L2 :L1 :L0
ENDE
```

Die Hilfsprozedur E.PICKE unterscheidet sich von PICKE1 oder ELEMENT (vgl. 2.1 oder 8.3) nur dadurch, daß bei unzulässigen Eingaben die leere Liste zurückgegeben wird.

```
PR E.PICKE :POS :L
 WENN EINES? (:POS < 1) (OE :L = []) DANN RÜCKGABE []
 WENN :POS = 1 DANN RÜCKGABE ER :L
 RÜCKGABE E.PICKE :POS - 1 OE :L
ENDE
```

Die Auswahl der zulässigen Operatoren - nicht jedoch deren Ordnung - ist notwendig, damit das Suchverfahren funktioniern kann. Um sich von der Wirkung der heuristischen Ordnung auf die Effizienz des Verfahrens zu überzeugen, mag man auch einmal die Zeilen 6-10 (je einschließlich) in REKA durch

```
SETZE "L ML (WORT "F :FELD) :L
```

und die drei Eingabelisten L2, L1 und L0 auf eine einzige Liste L reduzieren. (Man beachte auch die notwendigen Veränderungen in den Selbstaufrufen von REKA und in RAHMEN!)

Laufbeispiele:

```
?RAHMEN
ANFANGSZUSTAND: [S W S W S W X X]
ZIEL: ......... [X X W W W S S S]
MAX. SUCHTIEFE: 4
ERGEBNIS: [F2 F5 F7 F1]

? RAHMEN
ANFANGSZUSTAND: [S W S W S W X X]
ZIEL: ......... [X X W W W S S S]
MAX. SUCHTIEFE: 5
ERGEBNIS: [F2 F5 F3 F6 F1]
```

Allein durch Hinzufügen weiterer Operatoren läßt sich das Problem auf ein größeres Spielfeld verallgemeinern (10 Felder erfordern z.B. zwei zusätzliche Operatoren F8 und F9). Das Ergebnis ist überraschend:

```
? RAHMEN
ANFANGSZUSTAND: [S W S W S W S W X X]
ZIEL: ......... [X X W W W W S S S S]
MAX. SUCHTIEFE: 5
ERGEBNIS: [F2 F5 F8 F1]
```

6.3.2 Das Schiebequadrat oder 8er-Puzzle

Als letztes Beispiel in diesem Kapitel soll das Schiebequadrat mit drei auf drei Feldern behandelt werden:

> Auf einem quadratischen Spielfeld mit neun Feldern befinden sich acht Spielsteine, welche die Nummern 1 bis 8 tragen. Das Ziel des Spiels besteht darin, die acht Steine in ihre natürliche Reihenfolge zu bringen (zeilenweise von links oben nach rechts unten), wobei das rechte untere Feld frei sein soll. Alle Züge parallel zu den Rändern sind zugelassen.

Zielstellung des Schiebequadrats

1	2	3
4	5	6
7	8	

Es bietet sich an, die Zustände als 3x3-Matrix zu repräsentieren (vgl. Abschnitt 2.2), so daß etwa der Zielzustand in folgender Form notiert würde (mit "X" für die Lücke):

```
[[1 2 3] [4 5 6] [7 8 X]]
```

Bei der Formulierung der Operatoren lassen sich dementsprechend die Matrixoperationen

```
F.PICKE :POS :MAT
F.SETZE :POS :EL :MAT
```

aus Abschnitt 2.2 verwenden. Darüberhinaus benötigen wir eine Prozedur zur Ermittlung der Position eines Elements (und zwar der Lücke X) in der Matrix. Das Ergebnis soll als Paar aus Zeilen- und Spaltenindex vorliegen und sich auf eine beim zeilenweisen von oben nach unten Durchlaufen zuerst gefundenen Position beziehen. Die nachstehende Prozedur leistet dies (allerdings nur um zweidimensionalen Fall):

```
PR POS2 :EL :MAT
 WENN ELEMENT? :EL (ER :MAT) ...
  ... DANN RÜCKGABE LISTE 1 (POS :EL ER :MAT)
 RÜCKGABE V.ADD [1 0] POS2 :EL OE :MAT
ENDE
```

(V.ADD vgl. 8.5, POS vgl. 8.3)

```
? POS2 "X [[1 2 3] [X 4 5] [6 7 8]]
ERGEBNIS: [2 1]
```

In Analogie zum vorigen Beispiel können wir eine Prozedur F.ZUG formulieren, wobei es hier allerdings günstiger ist, die Position der Lücke (PX) bereits als Eingabe zu verwenden.

```
PR F.ZUG :POS :PX :MAT
 RÜCKGABE F.SETZE :POS ...
            ... "X ...
            ... F.SETZE :PX ...
                    ... F.PICKE :POS :MAT ...
                    ... :MAT
ENDE
```

Es gibt nun in jeder Stellung maximal vier mögliche Züge: Füllen der Lücke von unten, von oben, von rechts oder von links, die hier in Anlehnung an die Zugrichtung mit

NORD, SÜD, WEST und OST

bezeichnet werden sollen. Die Verwendung der Vektoraddition erlaubt eine besonders elegante Formulierung der Operatoren - hier exemplarisch der Operator NORD:

```
PR NORD :Z
 LOKAL "PX
 SETZE "PX POS2 "X :Z
 RÜCKGABE F.ZUG (V.ADD [1 0] :PX) :PX :Z
ENDE
```

SÜD wird analog mit dem Vektor [-1 0], WEST mit [0 1] und OST mit [0 -1] gebildet.

```
? NORD WEST [[3 2 1] [4 X 5] [8 7 6]]
ERGEBNIS: [[3 2 1] [4 5 6] [8 7 X]]
```

Die Zahl der anwendbaren Operatoren beim Schiebequadrat ist relativ klein - bei Gleichverteilung der Lücke auf alle neun Felder im Mittel ungefähr 2,7. Allerdings gibt es keine natürliche Begrenzung des Problembaums durch blockierte Stellungen, die Zahl der möglichen Zustände ist sehr groß (für jede der beiden Klassen $\frac{9!}{2} \approx 180\,000$), und Lösungen mit ungefähr 20 Zügen kommen ohne weiteres in Betracht. Eine grobe Schätzung, bei der wir Positionswiederholungen durch Inversion des letzten Zuges ausschließen, führt für eine Zugfolge der Tiefe 18 auf

$$2{,}7 \cdot 1{,}7^{17} \approx 22\,000$$

Stellungen.Um den Suchvorgang durch eine Heuristik auf ein ertägliches Maß zu reduzieren, sind einige Vorüberlegungen angezeigt. Wir wollen uns dabei kurz fassen und verweisen den interessierten Leser auf Überlegungen für das 15er-Puzzle auf einem vier mal vier Feld (Ahrens, 1918, S.13 ff.).

Als Maß von der Abweichung von der Zielsituation definiert Ahrens die Zahl der "Inversionen" in einer Stellung. Dabei wird für jede Zahl auf dem Feld die Anzahl der nachfolgenden kleineren (invertierten) Zahlen ermittelt, und diese Werte werden summiert. Als Beispiel dient die Berechnung des Abweichmaßes in der folgenden Stellung:

4	1	8
3	2	5
7	X	6

Abweichung:
3 + 0 + 5 + 1 + 0
+ 0 + 1 + 0
= <u>10</u>

Die Lücke spielt bei der Bestimmung der Inversion keine Rolle. Daher ist eine Stellung mit der Bewertung 0 nicht unbedingt identisch mit der Zielstellung, obwohl sich für diese natürlich auch der Wert 0 ergibt.
Für die Programmierung der Bewertungsfunktion (ABW für Abweichungen) ist es sinnvoll, die Matrix unter Auslassen der Lücke und Beibehaltung der Ordnung in eine unverschachtelte Liste umzuwandeln - zu "linearisierten" (Prozedur LIN). Der eigentliche Zählalgorithmus steckt in dem Prozedurenpaar ZÄHL.INV und ZÄHL.INV1.

```
PR ABW :Z
 RÜCKGABE ZÄHL.INV LIN :Z
ENDE
```

(Prozedur LIN aus 2.1)

```
PR ZÄHL.INV :L
 WENN :L = [] DANN RÜCKGABE 0
 WENN ER :L = "X DANN RÜCKGABE ZÄHL.INV OE :L
 RÜCKGABE (ZÄHL.INV1 ER :L :L) + (ZÄHL.INV OE :L)
ENDE

PR ZÄHL.INV1 :EL :L
 WENN :L = [] DANN RÜCKGABE 0
 WENN ER :L = "X DANN RÜCKGABE ZÄHL.INV1 :EL OE :L
 PRÜFE (ER :L) < :EL
 WENNWAHR RÜCKGABE 1 + (ZÄHL.INV1 :EL OE :L)
 WENNFALSCH RÜCKGABE ZÄHL.INV1 :EL OE :L
ENDE

? ABW [[4 3 1] [5 2 8] [X 6 7]]
ERGEBNIS: 8
```

Betrachten wir nun die Veränderungen, die die Inversionszahl durch die verschiedenen Zugmöglichkeiten erfährt: Es ist klar, daß die waagrechten Züge (West, Ost) die Bewertung überhaupt nicht ändern. Für die senkrechten Züge betrachten wir exemplarisch SÜD. Dabei rückt der gezogene Stein (a) immer um drei Positionen weiter; aus der Folge a, b, c wird b, c, a. Wir unterscheiden vier Fälle und ermitteln die Differenzen in der Zahl der Inversionen:

	Differenz			
	bei a	bei b	bei c	insgesamt
a<b,c	0	+1	+1	+2
b<a<c	-1	0	+1	0
c<a<b	-1	+1	0	0
b,c<a	-2	0	0	-2

```
? ABW [[3 4 1] [5 2 8] [6 X 7]]
ERGEBNIS: 7

? ABW SÜD [[3 4 1] [5 2 8] [6 X 7]]
ERGEBNIS 9
```

Die Bewertung ändert sich - wenn überhaupt - um +2 bzw. -2. Dies gilt für die Operation NORD entsprechend ebenso. Aus dieser Invarianzeigenschaft ergibt sich, daß eine Stellung mit ungerader Bewertung niemals in eine mit gerader überführt werden kann; insbesondere ist die Zielstellung nur von einer "geraden" Ausgangsstellung aus zu erreichen. Zusätzlich gilt, daß alle geraden wie auch ungeraden Stellungen untereinander äquivalent sind in dem Sinn, daß sie ineinander überführt werden können. Letztere Eigenschaft wird hier allerdings nur unbewiesen wiedergegeben.
Für die Formulierung einer Heuristik (Prozedur HEU8) erhalten wir damit folgende Anhaltspunkte:

1. Die zulässigen Operatoren sind bezüglich eines gegebenen Zustandes so anzuordnen, daß Folgezustände mit kleinerer Inversionszahl vor denen mit gleichbleibender und letztere wiederum vor denen mit größerer Inversionszahl erzeugt werden. Dies entspricht einer sogenannten "hill-climbing"-Strategie.
2. Pro Zug kann die Inversionszahl im günstigsten Fall um 2 abnehmen. Ist daher das Doppelte der noch verfügbaren Suchtiefe (:TMAX - :T) kleiner als die aktuelle Bewertung, so sollte die Suche in diesem Zweig abgebrochen werden (d.h. Rückgabe einer leeren Operatorliste). Diese Bedingung könnte zwar sinngemäß auch in die Prozedur ABBRUCH? aufgenommen werden, da aber in HEU8 die Inversionszahl als lokale Variable vorliegt, ist es sinnvoll, die nochmalige Berechnung dieses Wertes zu vermeiden.

Die Prozedur HEU8 verwendet die lokalen Variablen PX für die Position der Lücke, ZOP für die aufzubauende Liste der zulässigen Operatoren und ZZ für die zu dem jeweiligen Zustand (Eingabeparameter Z) gehörige Inversionszahl. Um HEU8 schon von RAHMEN aus aufrufen zu können, ist wegen Bedingung 2. die Suchtiefe (T) als zusätzlicher Eingabeparameter erforderlich. In ZOP werden Paare aus einem Operator und der Inversionszahl des zugehörigen Folgezustands zusammengefaßt. Die Paarliste ZOP wird durch die Prozeduren ORDNE.OP und EINFÜGE.OP nach aufsteigender Bewertung des letzten Paarelements geordnet. Die Prozeduren sind Parallelprozeduren zu den Sortierprozeduren aus 2.3.1. Schließlich dient die Prozedur LIES.OP dazu, aus der sich ergebenden Liste von Paaren die ersten Komponenten - nämlich die Operatoren - wieder herauszulesen und zu einer Liste zusammenzufassen.

```
PR HEU8 :Z :T
 LOKAL "ZZ
 SETZE "ZZ ABW :Z
 WENN :ZZ > 2*(:TMAX - :T) DANN RÜCKGABE []

 LOKAL "PX LOKAL "ZOP
 SETZE "PX POS2 "X :Z
 SETZE "ZOP []

 WENN NICHT? 3 = LZ :PX ...
   ... DANN SETZE "ZOP ML (LISTE "WEST :ZZ) :ZOP
 WENN NICHT? 1 = LZ :PX ...
   ... DANN SETZE "ZOP ML (LISTE "OST :ZZ) :ZOP
 WENN NICHT? 3 = ER :PX ...
   ... DANN SETZE "ZOP ML (LISTE "NORD ABW NORD :Z) :ZOP
 WENN NICHT? 1 = ER :PX ...
   ... DANN SETZE "ZOP ML (LISTE "SÜD ABW SÜD :Z) :ZOP

 RÜCKGABE LIES.OP ORDNE.OP :ZOP
ENDE

PR ORDNE.OP :L
 WENN :L = [] DANN RÜCKGABE []
 RÜCKGABE EINFÜGE.OP (ER :L) (ORDNE.OP OE :L)
ENDE

PR EINFÜGE.OP :EL :L
 WENN :L = [] DANN RÜCKGABE (LISTE :EL)
 WENN (LZ :EL) < (LZ ER :L) DANN RÜCKGABE ME :EL :L
 RÜCKGABE MITERSTEM (ER :L) ...
                 ... EINFÜGE.OP :EL OE :L
ENDE

PR LIES.OP :L
 WENN :L = [] DANN RÜCKGABE []
 RÜCKGABE SATZ (ER ER :L) (LIES.OP OE :L)
ENDE
```

Die Verwendung des Eingabeparameters T, der Tiefe, in HEU8 verlangt in TSUCHE die folgende Änderung:

```
PR TSUCHE ...
 ...
 SETZE "WEITER TSUCHE :ZST.NEU ...
                  ... (HEU8 :ZST.NEU (:T + 1)) ...
                  ... :T + 1 ...
                  ... (ML :ZST :MEMO)
 ...
ENDE
```

In RAHMEN sollte vor dem ebenfalls leicht veränderten Aufruf von TSUCHE zunächst die Lösbarkeit der eingegebenen Problemstellung untersucht werden:

```
PR RAHMEN
 ... (wie bisher) ...
 DRUCKEZEILE []
 WENN NICHT? (REST (ABW :ANF) - (ABW :ZIEL) 2) = 0 ...
  ... DANN DZ [NICHT LÖSBAR!] RÜCKKEHR
 TSUCHE :ANF (HEU8 :ANF 1) 1 []
ENDE
```

Es empfiehlt sich außerdem, die gegen Ende von Abschnitt 6.2 erläuterten Demonstrationsmöglichkeiten einzubauen, um den Suchvorgang während des Programmablaufs verfolgen zu können. Auf einen Verzögerungsmechanismus kann man dabei verzichten.
Es sei darauf hingewiesen, daß die oben dargestellte Heuristik nur auf einen bestimmten Zielzustand hin konzipiert ist. Der Leser mag sich überlegen, wie eine Heuristik auszusehen hätte, die etwa den Zustand

```
1 2 3
8 X 4
7 6 5
```

bevorzugt oder gar allgemeingültig wäre.
Es ist interessant zu beobachten, wie sich das algorithmische Problemlöseverhalten des Programms von demjenigen unterscheidet, das man selbst anwenden würde. Durch einfaches "Rückwärtsarbeiten" vom Zielzustand kann man Problemstellungen mit definierter Suchtiefe gewinnen. Probleme mit bis zu 15 Zügen werden in der Regel relativ schnell und oft erstaunlich zielsicher gelöst. Zufällig gewählte Anfangssituationen können erhebliche Rechenzeiten beanspruchen. Eine kleine Suchtiefe führt nicht unbedingt schneller zum Ziel (wohl aber zur kürzeren Lösung). Variationen der Abbruchbedingung 2. bewirken ebenfalls interessante Veränderungen des Suchverhaltens.

```
? RAHMEN
ANFANGSZUSTAND: [[1 5 2] [4 8 3] [7 X 6]]
ZIEL: ......... [[1 2 3] [4 5 6] [7 8 X]]
MAX. SUCHTIEFE: 8
ERGEBNIS: [SÜD SÜD WEST NORD NORD]

?RAHMEN
ANFANGSZUSTAND: [[4 1 3] [7 6 8] [5 2 X]]
ZIEL: ......... [[1 2 3] [4 5 6] [7 8 X]]
MAX. SUCHTIEFE: 12
ERGEBNIS: [SÜD OST NORD OST SÜD SÜD WEST NORD NORD WEST]

?RAHMEN
ANFANGSZUSTAND: [[3 7 6] [5 1 2] [X 8 4]]
ZIEL: ......... [[1 2 3] [4 5 6] [7 8 X]]
MAX. SUCHTIEFE: 12
NICHT LÖSBAR!

? RAHMEN
ANFANGSZUSTAND: [[5 7 2] [6 X 3] [1 4 8]]
ZIEL: ......... [[1 2 3] [4 5 6] [7 8 X]]
MAX. SUCHTIEFE: 20
ERGEBNIS: [SÜD OST NORD NORD WEST SÜD SÜD OST NORD NORD ...
          ... WEST SÜD SÜD WEST NORD OST NORD WEST]
```

7 Konzepte für Programmiersprachen

Wir haben die Definition neuer Logo-Prozeduren bisher unter dem Aspekt der problembezogenen Erweiterung des Wortschatzes um neue Operationen betrachtet - seien es nun grafische, symbolverarbeitende Operationen oder bestimmte Problemlöseverfahren. Dies entspricht der Arbeit auf der semantischen Ebene. Im folgenden wollen wir einige Beispiele für syntaktische Erweiterungen vorstellen, d.h. es geht um die Definition neuer Sprachstrukturen. Dadurch können wesentliche Elemente anderer Sprachkonzepte simuliert werden, ohne daß ein vollständiger Compiler oder Interpreter geschrieben werden müßte. Logo ist für solche Aufgaben vor allem deshalb sehr gut geeignet, weil - wie in LISP - Prozeduren und Funktionen als Daten (in Listenform) vorliegen.
Man kann von Prozeduren aus andere Prozeduren definieren, man kann auf die einzelnen Zeilen von Prozeduren zugreifen und sie verändern und schließlich kann man auch Prozeduren und Befehlsfolgen in einer Prozedur laufenlassen. Einige Anwendungen dieser Sprachmöglichkeiten sind in diesem Kapitel zusammengestellt.

7.1 Kontrollstrukturen in imperativen Sprachen

Kontrollstrukturen wie die WHILE-Anweisung von Pascal oder die FOR-NEXT-Schleife von BASIC stellen Funktionen dar, die eine Befehlsfolge und zusätzlich einen logischen Ausdruck (bzw. Angaben mit natürlichen Zahlen) als Eingabe haben, mit denen die Abarbeitung der Befehlsfolge (logisch) gesteuert wird.
Beginnen wir mit der Definition von SOLANGE als Spracherweiterung von Logo. Eine Anwendung wäre folgende Befehlsfolge zum Zählen von 0 bis 10

```
? SETZE "N 0
? SOLANGE [:N < 11] [DZ :N SETZE "N :N + 1]
0
.
.
.
10
```

SOLANGE hat also eine Bedingung und eine Befehlsfolge als Eingabe. In jedem Schritt wird die Bedingung geprüft. Ist sie WAHR, so wird die Befehlsfolge ausgeführt und danach SOLANGE erneut aufgerufen; ist sie FALSCH, so wird SOLANGE beendet:

```
PR SOLANGE :BED :BEF
 PRÜFE TUE :BED
 WENNWAHR TUE :BEF SOLANGE :BED :BEF
ENDE
```

Als Anwendung möchten wir den größten gemeinsamen Teiler zweier Zahlen X und Y mit SOLANGE-Schleifen bestimmen:

```
PR GGT1 :X :Y
 SOLANGE [NICHT? :X = :Y] ...
     ... [SOLANGE [:X > :Y] ...
             ... [SETZE "X :X - :Y] ...
      ... SOLANGE [:Y > :X] ...
             ... [SETZE "Y :Y - :X]]
 RÜCKGABE :X
ENDE

? GGT1 18 42
ERGEBNIS: 6
```

Bei einer Zählschleife möchte man zur Ausführung der Befehlsfolge

- den Namen für den Zählindex
- den Anfangs- und Endwert
- sowie die Schrittweite vorgeben.

Eine Anwendung (z.B. das Ausdrucken der Quadratzahlen von 1, 2, ..., 10) würde etwa folgendermaßen aussehen:

```
FÜR [X 1 10 1] [DZ :X * :X]
```

d.h. für X = 1 bis 10 in Schrittweite 1 wird die Befehlsfolge ausgeführt. Die zugehörige Prozedur ist

```
PR FÜR :IL :BEF
 LOKAL ERSTES :IL
 WENN (ER OE :IL) > (ER OE OE :IL) DANN RÜCKKEHR
 SETZE (ER :IL) (ER OE :IL)
 TUE :BEF
 FÜR (SATZ ERSTES :IL ...
       ... (ER OE :IL + (LZ :IL) ...
       ... OE OE :IL)...
 ... :BEF
ENDE
```

Es ist also in Logo in einfacher Weise möglich sich für ein Problem passende Kontrollstrukturen zu schreiben und so die Problemlösung übersichtlicher zu gestalten.

Ein anderes Motiv zur Definition neuer Kontrollstrukturen kann darin bestehen, daß man mit neuen in der Literatur vorgeschlagenen Kontrollstrukturen experimentieren möchte. Als Beispiel dafür

betrachten wir Dijkstras "guarded commands" (Dijkstra 1975). Ein "guard" ist ein logischer Ausdruck, der eine Folge von Anweisungen, die "guarded list", bewacht; z.B. x > y → x := x - y . Im Wahrfall wird die guarded list ausgeführt, im Falschfall tritt der nächste guard in Aktion.
Ein guard bildet zusammen mit seiner guarded list ein guarded command. Eine Menge von guarded commands kann alternativ betrachtet (if ... fi) oder wiederholt (do ... od) werden.
Das obige Beispiel des ggT würde man hier wie folgt darstellen:

```
do x > y → x := x - y
 □ y > x → y := y - x
od
```

Dabei werden in der Schleife die guards so oft auf WAHR untersucht, bis alle falsch sind. Die Reihenfolge der guarded commands legt keine Reihenfolge der Abarbeitung fest.
Wenn die do-Wiederholung jedoch verlassen wird, ist man sicher, daß alle guards FALSCH sind, d.h. im obigen Beispiel x = y gilt.
Bei einer Realisierung in Logo benutzen wir Listen zur Darstellung der Programmstruktur. Im Beispiel

```
PR GGT.GUARD :X :Y
 DO [[[:X > :Y] [SETZE "X :X - :Y]] ...
 ... [[:Y > :X] [SETZE "Y :Y - :X]]]
 RÜCKGABE :X
ENDE
```

Die Prozedur DO hat dann folgende Gestalt, wobei wir die guards in der gegebenen Reihenfolge untersuchen:

```
PR DO :L
 LOKAL "W
 SETZE "W "FALSCH
 DO1 :L
 WENN :W DANN DO :L
ENDE

PR DO1 :L
 WENN :L = [] DANN RÜCKKEHR
 SETZE "W TUE ER ER :L
 PRÜFE :W
 WENNWAHR TUE LZ ER :L RÜCKKEHR
 WENNFALSCH DO1 OE :L
ENDE
```

7.2 Funktionales Programmieren

In jüngster Zeit ist eine Form des Programmierens in die informatische Diskussion gekommen, die auf dem Funktionsbegriff aufbaut.

Anhand von FP (Backus 1978), das wir in einigen Beispielen mit Logo simulieren, wollen wir die zugehörigen Programmiertechniken erläutern.

Objekte in FP sind beliebig tief geschachtelte Listen über Wörtern aus Buchstaben und Ziffern, genau wie bei Logo.

Grundoperation ist die Anwendung einer Funktion F auf ein Objekt x.

f : x   in Logo: F :X

Es gibt Grundfunktionen, wie z.B. die Addition:

```
? FP.SUMME [5 7]
ERGEBNIS: 12
```

die wir durch

```
PR FP.SUMME :X
 RÜCKGABE (ERSTES :X) + (LETZTES :X)
ENDE
```

(unter Verzicht auf eine Eingabeprüfung) in Logo realisieren (ebenso FP.DIFF, FP.PROD, FP.QUOT).

Wesentlich für unsere Beispiele sind noch einige Grundfunktionen für Matrizen- und Listenmanipulationen. (Die Funktionen ERSTES und LETZTES sind ungeändert verwendbar.)

Eine Matrix wird in FP (genau wie in 2.2.5) als Liste ihrer Zeilenlisten dargestellt. Die dort angegebene Prozedur TRANS zum Transponieren ist auch hier verwendbar.

Zusätzlich benötigen wir noch eine Operation DISTL, das Verteilen eines Elements von links auf alle Elemente einer Liste, z.B.:

```
? DISTL [37 [1 2 3 4]]
ERGEBNIS: [[37 1] [37 2] [37 3] [37 4]]
```

Analog zur Prozedur ALLE.ME aus 3.1 ergibt sich:

```
PR DISTL :X
 WENN LETZTES :X = [] DANN RÜCKGABE []
 RÜCKGABE MITLETZTEM (LISTE ER :X LZ LZ :X) ...
                   ...DISTL (LISTE ER :X OL LZ :X)
ENDE
```

Die Funktion DISTR des Verteilens von rechts bleibt dem Leser überlassen.

Zu diesen Grundfunktionen, von denen wir einige Beispiele angesprochen haben, treten noch sogenannte funktional forms, d.h. Funktionen, die von Funktionen modifiziert werden.

Die einfachste Operation mit Funktionen ist die Verkettung:

f □ g   in Logo: F G

(f □ g) : x = f : (g : x)   in Logo: F G :X

die in Logo durch Hintereinanderschreiben realisiert wird. Eine weitere Operation, als "construction" bezeichnet, ist die Bildung einer Liste von Funktionen:

$<f_1, f_2, \ldots, f_n> :x$ ergibt $[f_1:x\ f_2:x\ \ldots\ f_n:x]$

(Schreibweise aus Backus, 1978, leicht verändert)
Wir benötigen also eine Funktion CSTR, die eine Liste von Funktionen sowie ein Objekt als Eingabe hat und eine Liste der Funktionswerte bei jeweiliger Anwendung auf das Objekt zurückgibt.

```
PR CSTR :FL :X
 WENN :FL = [] DANN RÜCKGABE []
 RÜCKGABE MITERSTEM TUE (SATZ ER :FL (LISTE :X)) ...
                  ... CSTR OE :FL :X
ENDE

? CSTR [FP.SUMME FP.PROD] [5 6]
ERGEBNIS: [11 30]
```

Eine weitere wichtige functional form ist das Einfügen von Funktionen ("insert", Zeichen: /), dies ist besonders anschaulich bei infix-notierten zweistelligen Operationen:

$/+ :[5\ 4\ 3\ 2\ 1]$ ergibt $5 + 4 + 3 + 2 + 1 = 15$

Die Logo-Funktion, die dies leistet, hat folgende Gestalt:

```
PR INS :F :X
 WENN OE :X = [] DANN RÜCKGABE ER :X
 RÜCKGABE TUE MITLETZTEM (LISTE ER :X (INS :F OE :X) ...
                     ... :F
ENDE

?INS [FP.SUMME] [5 4 3 2 1]
ERGEBNIS: 15

? INS [FP.DIFF] [5 4 3 2 1]
ERGEBNIS: 3
```

Am letzten Beispiel erkennt man, daß INS die Funktion von rechts her anwendet:

$5 - (4 - (3 - (2 - 1)))$

Schließlich benötigen wir noch die functional form des Anwendens auf alle Elemente einer Liste ("apply to all"):

$\alpha f : [x_1\ x_2\ x_3\ \ldots\ x_n]$ ergibt $[f:x_1\ f:x_2\ \ldots\ f:x_n]$

```
PR APA :F :X
 WENN :X = [] DANN RÜCKGABE []
 RÜCKGABE MITERSTEM TUE ML (ER :X) :F ...
                 ... APA :F OE :X
ENDE

? APA [FP.SUMME] [[1 2] [3 4] [5 6]]
ERGEBNIS: [3 7 11]
```

Beispiel: inneres Produkt von Vektoren

Für das innere Produkt müssen in FP die beiden Vektoren zu einem Paar zusammengefaßt werden:

[[1 2 3 4][5 6 7 8]]

Durch Anwendung von TRANS ergibt sich

[[1 5] [2 6] [3 7] [4 8]]

Jetzt wenden wir auf alle Paare die Multiplikation an: APA [FP.PROD]:

[5 12 21 32]

und fügen schließlich überall "+" ein: INS [FP.SUMME]:

70

Die Verkettung dieser Funktionen

INS [FP.SUMME] APA [FP.PROD] TRANS

stellt also die Funktion der Bildung des inneren Produkts dar. Möchte man diese Funktion definieren, so muß man DEF entsprechend der argumentfreien Darstellung in FP modifizieren:

```
PR FP.DEF :NAME :F
 DEF :NAME LISTE [:X] (SATZ "RG :F ":X )
ENDE
```

Damit wird durch

```
FP.DEF "IP [INS [FP.SUMME] APA [FP.PROD] TRANS]
```

die Prozedur

```
PR IP :X
 RG INS [FP.SUMME] APA [FP.PROD] TRANS :X
ENDE
```

erzeugt.

Beispiel: Matrizenmultiplikation

Genau wie beim inneren Produkt schildern wir zuerst den Datenfluß an einem Beispiel. Die beiden Matrizen, z.B.

```
[[1 2 3]          und  [[0 1]
 [4 5 6]]               [2 0]
                        [0 3]]
```

werden als Paar zusammengefaßt:

```
[[[1 2 3] [4 5 6]]
 [[0 1] [2 0] [0 3]]]
```

Danach wird die erste Matrix beibehalten, die zweite transponiert und beides wieder zu einem Paar zusammengefaßt:

```
CSTR [ER [TRANS LZ]]
       [[[1 2 3] [4 5 6]]
        [[0 2 0] [1 0 3]]]
```

Jetzt kann man die Zeilen der ersten Matrix jeweils in Beziehung zur zweiten Matrix bringen: DISTR

```
       [[[1 2 3]  [[0 2 0] [1 0 3]]]
        [[4 5 6]  [[0 2 0] [1 0 3]]]]
```

und danach auf alle Zeilen DISTL anwenden, damit jeweils die Zeilen der (ursprünglich) ersten Matrix mit den Spalten der (ursprünglich) zweiten Matrix kombiniert sind: APA [DISTL]

```
       [[[[1 2 3] [0 2 0]]  [[1 2 3] [1 0 3]]]
        [[[4 5 6] [0 2 0]]  [[4 5 6] [1 0 3]]]]
```

Schließlich wenden wir auf alle Elemente der Liste und in jedem Element wieder auf alle Elemente die Bildung des inneren Produkts an: APA [APA [IP]]

```
       [[4 10]
        [10 22]]
```

Zusammengefaßt ergibt dies

```
       FP.DEF "MM [APA [APA [IP]] APA [DISTL] DISTR ...
              ... CSTR [ER [TRANS LZ]]]
```

Kontrollstrukturen in FP

Gemäß dem Konzept von FP alle Sprachelemente in Funktionsform zu schreiben, müssen auch die alternative Entscheidung und die while-Schleife als Funktionen definiert werden.

Für ein Prädikat p, das die Werte T für true und F für false haben kann und zwei Funktionen f und g (als Konsequenzen von p) wird definiert

$(p \rightarrow f\ ;\ g) : x$
bedeutet
   wenn $(p : x) = T$ dann $f : x$
   wenn $(p : x) = F$ dann $g : x$.

In Logo ergibt dies

```
PR COND :P :F :G :X
 PRÜFE TUE MITLETZTEM :X :P
 WENNWAHR RÜCKGABE TUE MITLETZTEM :X :F
 WENNFALSCH RÜCKGABE TUE MITLETZTEM :X :G
ENDE
```

Möchte man beispielsweise das Maximum zweier Zahlen definieren, so ist dies in FP folgendermaßen möglich

```
? FP.DEF "MAX [COND [GR] [ERSTES] [LETZTES]]
? MAX [3 7]
ERGEBNIS: 7
```

wobei die Größer-Funktion folgendermaßen in Logo zu realisieren ist

```
PR GR :X
 RÜCKGABE (ERSTES :X) > (LETZTES :X)
ENDE
```

Die While-Schleife ist in FP folgendermaßen definiert:

```
(while p f) : x
bedeutet
   wenn (p : x) = T dann wird (while p f) auf (f : x)
                    angewandt:(while p f) : (f : x)
   wenn (p : x) = F dann ist der Funktionswert x
```

In Logo ergibt dies

```
PR WHILE :P :F :X
 PRÜFE TUE MITLETZTEM :X :P
 WENNWAHR RÜCKGABE WHILE :P :F (TUE ML :X :F)
 WENNFALSCH RÜCKGABE :X
ENDE
```

Als Beispiel wollen wir die Ermittlung des Rest bei Division zweier natürlicher Zahlen nach dem Verfahren der fortlaufenden Subtraktion in FP programmieren. Es soll also z.B.

```
? FP.REST [26 6]
ERGEBNIS: 2
```

gelten:

```
? FP.DEF "FP.REST [ER WHILE [GR] [CSTR [FP.DIFF LZ]]]
```

Es wird also laufend ein Paar erzeugt, das aus der Differenz des vorhergehenden Paares und dem letzten Element des vorhergehenden Paares besteht, und zwar solange wie das erste Element des Paares größer als das zweite ist:

```
[26 6], [20 6], [14 6], [8 6], [2 6]
```

7.3 Logisches Programmieren

Ein relativ neuer Gesichtspunkt in der Diskussion um Programmiermethodik und Programmiersprachen ist die Unterscheidung zwischen "imperativem" und "deklarativem" Programmieren. Imperatives Programmieren entspricht der klassischen algorithmischen Sichtweise, bei der ein Programm als die Beschreibung eines Mechanismus oder Verfahrens zur Verarbeitung von Daten verstanden wird. Im Unterschied dazu zielt der deklarative Stil darauf ab, Programme über ihre Funktions- bzw. Relationseigenschaften zu definieren. Maßgeblich ist also, anzugeben, was das Programm tun soll und nicht so sehr wie es das tun kann. Ein Musterbeispiel für eine deklarative Beschreibung ist die Definition des größten gemeinsamen Teilers d zweier natürlicher Zahlen a, b über die Bedingungen

(1) $d \in \mathbb{N}$

(2) d teilt a und d teilt b

(3) für alle $t \in \mathbb{N}$ gilt:
wenn (t teilt a und t teilt b) dann $t \leq d$

Das Beispiel zeigt bereits, daß Logik-Kalküle für deklarative Beschreibungen besonders gut geeignet sind. Ein solches auf der Prädikatenlogik beruhendes Konzept ist in der Sprache Prolog verwirklicht. Mit Prolog wurde bisher vor allem im KI-Bereich (Kowalski, 1979), aber auch im Schulunterricht (Ennals, 1983) gearbeitet. In diesem Abschnitt sollen einige grundlegende Elemente der Sprache Prolog in Logo simuliert werden.

7.3.1 Eine einfache Prolog-Umgebung

Die Grundidee von Prolog besteht darin, eine aus Relationen bestehende Datenbasis anzulegen, auf die mittels logischer Abfragen zugegriffen werden kann. Alle Relationsbeziehungen, die aus der Datenbasis erschlossen werden können, gelten als wahr, alle übrigen als falsch (Annahme einer vollständig beschriebenen "geschlossenen Welt").
Ganz im Sinne der Mathematik verstehen wir unter einer n-stelligen Relation eine Menge von n-Tupeln, speziell unter einer zweistelligen Relation eine Menge von Paaren. Solange alle Relationsbeziehungen in expliziter Form gegeben sind, spielt die Frage der Grundmenge keine Rolle. Die Darstellung von Relationen als Listen von Listen liegt danach auf der Hand.
Betrachten wir als Beispiel die folgenden Relationsbeziehungen:

- Elke liebt Martin
- Martin liebt Anna
- Anna liebt Wolfgang
- Elke studiert
- Martin studiert
- Anna ist berufstätig
- Wolfgang ist arbeitslos

Sie können wie folgt durch eine globale Datenbasis beschrieben werden:

```
SETZE "LIEBT [[ELKE MARTIN] [MARTIN ANNA] ...
          ... [ANNA WOLFGANG]]
SETZE "STUDIERT [[ELKE] [MARTIN]]
SETZE "IST.BERUFSTÄTIG [[ANNA]]
SETZE "IST.ARBEITSLOS [[WOLFGANG]]
```

Zur komfortableren Eingabe einer solchen Datenbasis verwenden wir die Prozeduren EIN und NIMM, die sozusagen einen simplen zeilenorientierten Relationseditor darstellen. Für weitere Anwendungen ist es angezeigt, eine Liste aller Relationsnamen (REAN#) sowie eine Liste mit dem Namen aller Relationsteilnehmer (NART#) zu führen. Die Prozedur INIT initialisiert die Datenbasis, d.h. zunächst werden alle globalen Variablen gelöscht, dann werden RENA# und NART# auf den Wert [] gesetzt.

```
PR INIT
 VERGISS NAMEN
 SETZE "RENA# []
 SETZE "NART# []
ENDE
```

Als Kennzeichen für die Bereitschaft des Systems für die Eingabe einer Relationsbeziehung verwenden wir das Ausrufezeichen. Das eigenliche Einlesen und die notwendigen Veränderungen in RENA# und NART# bewirkt die Prozedur NIMM. Der Befehl EIN schaltet in den Eingabezustand, AUS beendet die Eingabe.

```
PR EIN
 DRUCKE "!
 LOKAL "EG
 SETZE "EG LIESLISTE
 WENN :EG = [AUS] DANN AUSSTIEG
 NIMM :EG
 EIN
ENDE

PR NIMM :SATZ
 SETZE "NART# VEREIN :NART# ...
                 ... VEREIN (LISTE ER :SATZ) ...
                         ... (OE OE :SATZ)
 WENN NICHT? EL? (ER OE :SATZ) :RENA# ...
  ... DANN SETZE "RENA# ML (ER OE :SATZ) :RENA# ...
       ... SETZE (ER OE :SATZ)[]
 SETZE (ER OE :SATZ) ...
   ... ME (ME (ER :SATZ) (OE OE :SATZ)) ...
      ... (WERT ER OE :SATZ)
ENDE
```

(Mengenoperation VEREINigung siehe Abschnitt 2.1)

In der ersten Anweisung werden die beteiligten Objekte in NART# eingefügt; mit VEREIN verhindern wir doppelte Nennungen. In der zweiten Anweisung wird der Relationenname in RENA# aufgenommen, falls er dort noch nicht vorhanden ist, und die ihn beschreibende Liste als leere Liste definiert. Schließlich wird die Liste der Objekte (ohne Relationsnamen) an diese Liste vorn angefügt.

Die oben angeführte Datenbasis kann nun auch durch folgende Anweisungen erzeugt werden:

```
? INIT
? EIN
! ELKE LIEBT MARTIN
... usw. ...
! WOLFGANG IST.ARBEITSLOS
! AUS
?
```

Wir werden drei verschiedene Typen von logischen Abfragen aus der Datenbasis zulassen:

I. STIMMT? <Satz> gibt WAHR oder FALSCH zurück, je nachdem, ob die Aussage von <Satz> aus der Datenbasis erschlossen werden kann oder nicht.

II. WELCHE <Variable(n)> <Satz> ermittelt eine Liste derjenigen Variablenbelegungen, für die <Satz> zu einer wahren Aussage wird. <Variable(n)> steht für eine Liste von maximal zwei Variablensymbole, die in <Satz> als Platzhalter für Relationsteilnehmer vorkommen dürfen. Variablensymbole bestehen aus einem Anfangsbuchstaben X, Y oder Z, sowie ggf. noch einer Reihe von Ziffern.

III. EX? <Variable(n)> <Satz> funktioniert analog zu WELCHE und liefert den Wert WAHR, wenn es eine Variablenbelegung gibt, die <Satz> zu einer wahren Aussage macht, sonst FALSCH.

Für die innere Struktur von <Satz> gelten folgende Syntaxregeln:

1. Atomarer Satz: [<Atom1> <Relation> <Atom2>]
   Für <Atom> und <Relation> können beliebige Namen eingesetzt werden. Falls aber <Relation> nicht in RENA# enthalten ist, oder falls <Atom> weder ein durch EX? bzw. WELCHE gebundenes Variablensymbol noch ein Element von NART# ist, gilt <Satz> grundsätzlich als falsch.

2. Negation:

   [NICHT? <Satz>]

3. Konjektion (logisches "und"):

   [ALLE? <Satz1> ... <Satz n>]

4. Disjunktion (logisches "oder"):

   [EINES? <Satz1> ... <Satz n>]

5. Existenzsatz:

   [EX? <Variable(n)> <Satz>]

Die Wahrheitsprüfung durch die Prozedur STIMMT? spiegelt genau diese Möglichkeiten wieder:

```
PR STIMMT? :SATZ
 WENN (ER :SATZ) = "NICHT? DANN RG NICHT? STIMMT? LZ :SATZ
 WENN (ER :SATZ) = "ALLE? DANN RG ST.ALLE? OE :SATZ
 WENN (ER :SATZ) = "EINES? DANN RG ST.EINES? OE :SATZ
 WENN (ER :SATZ) = "EX? DANN RG TUE :SATZ
 WENN NICHT? EL? (ER OE :SATZ) :RENA# DANN RG "FALSCH
 RG EL? (ME (ER :SATZ) (OE OE :SATZ)) ...
    ... (WERT ER OE :SATZ)
ENDE
```

In den letzten beiden Anweisungen schlägt sich die Annahme einer geschlossenen Welt nieder: Eine in der Datenbasis nicht vorhandene Relation gilt als falsch (vorletzte Zeile); eine Beziehung gilt nur dann als wahr, wenn die Liste der entsprechenden Objekte in der Datenbasis einer Relation (WERT ER OE :SATZ) vorhanden ist. Im Hinblick auf spätere Anwendungen ist es notwendig, die Wahrheitsprüfung von Disjunktionen bzw. Konjunktionen so zu formulieren, daß nicht unbedingt alle Teilaussagen überprüft werden müssen. So liegt etwa der Wahrheitswert einer Disjunktion fest, wenn eine Teilaussage als WAHR erkannt wurde. Die duale Gestalt der beiden Prozeduren ST.EINES? und ST.ALLE? ist offensichtlich (LTA: Liste der Teilaussagen):

```
PR ST.EINES? :LTA
 WENN :LTA = [] DANN RÜCKGABE "FALSCH
 PRÜFE STIMMT? ER :LTA
 WENNWAHR RÜCKGABE "WAHR
 WENNFALSCH RÜCKGABE ST.EINES? OE :LTA
ENDE

PR ST.ALLE? :LTA
 WENN :LTA = [] DANN RÜCKGABE "WAHR
 PRÜFE STIMMT? ER :LTA
 WENNWAHR RÜCKGABE ST.ALLE? OE :LTA
 WENNFALSCH RÜCKGABE "FALSCH
ENDE

? STIMMT? [EINES? [ANNA STUDIERT] [WOLFGANG IST.ARBEITSLOS]]
ERGEBNIS: WAHR
```

Die Abfragen WELCHE und EX? erfordern jeweils die Bestimmung einer Grundmenge, der die möglichen Variablenbelegungen entnommen werden. Für eine Variablenliste (LVAR) der Länge k bilden wir dazu die Menge aller k-Tupel aus der globalen Namensliste NART# (Prozedur k-Tupel siehe Abschnitt 3.1.2):

```
PR WELCHE :LVAR :SATZ
 RÜCKGABE SUCHE (K.TUPEL (LÄNGE :LVAR) :NART#) ...
            ... :LVAR ...
            ... :SATZ
ENDE
```

Die Prozedur SUCHE gibt eine Liste derjenigen Variablenbelegungen aus der Grundmenge GM zurück, für die die durch Ersetzung der Variablen in SATZ entstehende Aussage wahr wird. Das Ersetzungsverfahren wird durch die Prozeduren ERS.VAR und EV1 dargestellt. EV1 ersetzt eine einzelne Variable VAR durch einen Namen NAM und ist nahezu identisch mit der in 4.3 verwendeten Prozedur ERSETZE.

```
PR SUCHE :GM :LVAR :SATZ
 WENN :GM = [] DANN RÜCKGABE []
 PRÜFE STIMMT? ERS.VAR :LVAR (ER :GM) :SATZ
 WENNWAHR RG MITERSTEM (ER :GM) ...
                  ... (SUCHE (OE :GM) :LVAR :SATZ)
 WENNFALSCH RG SUCHE (OE :GM) :LVAR :SATZ
ENDE

PR ERS.VAR :LVAR :LNAM :SATZ
 WENN (OE :LVAR) = [] ...
  ... DANN RG EV1 (ER :LVAR) (ER :LNAM) :SATZ
 RG ERS.VAR (OE :LVAR) (OE :LNAM) ...
       ... (EV1 (ER :LVAR) (ER :LNAM) :SATZ)
ENDE

PR EV1 :VAR :NAM :SATZ
 WENN :SATZ = [] DANN RÜCKGABE []
 WENN LISTE? ER :SATZ ...
  ... DANN RG MITERSTEM (EV1 :VAR :NAM (ER :SATZ))...
                  ... (EV1 :VAR :NAM (OE :SATZ))
 PRÜFE :VAR = ER :SATZ
 WENNWAHR RG ME :NAM (EV1 :VAR :NAM (OE :SATZ))
 WENNFALSCH RG ME (ER :SATZ) (EV1 :VAR :NAM (OE :SATZ))
ENDE
```

Fehlersituationen sind hier nicht als solche formuliert, man läuft auf Standardfehlermeldungen des Logo-Systems.
Es ist nun möglich, die EX?-Abfrage unmittelbar auf WELCHE? zurückzuführen:

```
PR EX? :LVAR :SATZ
 RG NICHT? (WELCHE :LVAR :SATZ) = []
ENDE
```

Wir ziehen allerdings - um unnötigen Rechenaufwand zu vermeiden - die folgende Lösung analog zu WELCHE vor:

```
PR EX? :LVAR :SATZ
 RG SUCH.EX? (K.TUPEL (LÄNGE :LVAR) :NART#) ...
         ... :LVAR ...
         ... :SATZ
ENDE

PR SUCH.EX? :GM :LVAR :SATZ
 WENN :GM = [] DANN RÜCKGABE "FALSCH
 PRÜFE STIMMT? ERS.VAR :LVAR (ER :GM) :SATZ
 WENNWAHR RÜCKGABE "WAHR
 WENNFALSCH RG SUCH.EX? (OE :GM) :LVAR :SATZ
ENDE
```

Die folgenden Beispiele beziehen sich auf die eingangs definierte Datenbasis:

```
? EX? [Z] [ALLE? [Z STUDIERT] [Z LIEBT ANNA]]
ERGEBNIS: WAHR

? STIMMT? [EINES? [ANNA STUDIERT] ...
              ... [EX? [Z] [ALLE? [Z STUDIERT] ...
                                 ... [ANNA LIEBT Z]]]]
ERGEBNIS: FALSCH

?WELCHE [X Y] [ALLE? [X LIEBT Y] ...
                 ... [X STUDIERT] ...
                 ... [EINES? [Y IST.BERUFSTÄTIG] ...
                           ... [Y IST.ARBEITSLOS]]]
ERGEBNIS: [[MARTIN ANNA]]

?WELCHE [X] [NICHT? [X STUDIERT]]
ERGEBNIS: [[ANNA] [WOLFGANG]]
```

7.3.2 Definition und Auswertung von Regeln

Als Erweiterung der Programmierumgebung soll noch die Möglichkeit geschaffen werden, Relationen nicht nur explizit, sonder auch durch Regeln zu definieren. Das genaue Format für die Eingabe einer Regel soll für eine zweistellige Relation folgendermaßen aussehen (WENN kann weggelassen werden):

```
[<Atom1> <Relation> <Atom2>] (WENN) <Satz>
```

Die Atome können Namen oder Variablensymbole sein. Die Variablensymbole können in <Satz> wieder vorkommen und werden so interpretiert als wären sie durch einen Allquantor (für alle ...) gebunden. Beispielsweise erhielte die Aussage

"Gabi mag alle Männer, die studieren und Motorrad fahren"

die Form

```
[GABI MAG X] WENN [ALLE? [X MÄNNLICH] ...
                     ... [X FÄHRT.MOTORRAD] ...
                     ... [X STUDIERT]]
```

Regeln werden in der entsprechenden Relationsliste hinten angefügt, damit die expliziten Relationsbeziehungen beim Absuchen Priorität erhalten. Das Format für die Eintragung einer Regel in eine Relationsliste ist

```
...[[<Atom1> <Atom2>] <Satz>] ...
```

Bei der Eingabe (in EIN) werden Regeln dadurch erkannt, daß sie mit einer Liste beginnen. Regeln werden durch die Prozedur NIMMREGEL verarbeitet. Der Einfachheit halber wollen wir davon ausgehen, daß eine Regel keine neuen Namen von Relationsteilnehmern enthält, die in NART# zu ergänzen wären.

```
PR EIN
 DRUCKE "!
 LOKAL "EG
 SETZE "EG LIESLISTE
 WENN :EG = [AUS] DANN AUSSTIEG
 WENN LISTE? ER :EG DANN NIMMREGEL (ER :EG) (LZ :EG)
 NIMM :EG
 EIN
ENDE

PR NIMMREGEL :A :B
 WENN NICHT? EL? (ER OE :A) :RENA# ...
  ... DANN SETZE "RENA# ML (ER OE :A) :RENA# ...
      ... SETZE (ER OE :A) []
 SETZE (ER OE :A) ML (LISTE (ME (ER :A) (OE OE :A)) ...
                                  ... :B) ...
                   ... (WERT ER OE :A)
ENDE
```

Wenn man die Definition von Relationsbeziehungen durch Regeln zuläßt, muß auch die STIMMT?-Prüfung entsprechend umgeschrieben werden. In der Prozedur STIMMT? muß dazu lediglich die letzte Zeile geändert werden. Die ELEMENT?-Abfrage (EL?), die angibt, ob ein bestimmtes Tupel in einer Relationsliste explizit vorkommt, ist hier durch eine Prozedur ENTHALTEN? :T :L zu ersetzen. ("Gehört das Tupel T zu der durch die Liste L beschriebenen Relation?") Die letzte Zeile von STIMMT? war bisher

```
RG EL? (ME (ER :SATZ) (OE OE :SATZ)) ...
   ... (WERT ER OE :SATZ)
```

und wird nunmehr

```
RG ENTHALTEN? (ME (ER :SATZ) (OE OE :SATZ)) ...
          ... (WERT ER OE :SATZ)
```

Die ENTHALTEN?-Prüfung muß nun unterscheiden zwischen Relationsbeziehungen, die in L explizit durch Tupel von Elementen gegeben sind, und solchen, die als Regeln definiert sind. Regeln werden durch die Bedingung LISTE? ER ER :L erkannt. Falls eine Regel vorliegt, ist zu entscheiden, ob das Tupel T auf die erste Teilliste der Regel (ER ER :L) "paßt" (Prozedur PASST?). Wenn ja, ist der Wahrheitswert des Bedingungssatzes (LZ ER :L) zu überprüfen, wobei Variablen durch entsprechnde Elemente aus T mittels ERS.VAR ersetzt werden müssen. Die logische Abfrage

STIMMT? ERS.VAR (ER ER :L) :T (LZ ER :L)

führt auch dann zum richtigen Ergebnis, wenn ER ER :L nicht nur Variablensymbole enthält, denn dann sind die übrigen Elemente dieser Liste mit den entsprechenden Elementen von T identisch. Dies ist durch die Prozedur PASST? sichergestellt, die in der nachfolgend dargestellten Form nur für ein-oder zweistellige Relationen immer funktioniert. Eine allgemeingültige Ausweitung von PASST? auf mehrstellige Relationen führt auf Fragen der Mustererkennung und soll hier ausgeklammert bleiben. Das folgende Beispiel zeigt die Problematik:

PASST? [GEORG UDO ALBERT] [X X Y]

müßte "FALSCH" ergeben, da X nicht durch zwei verschiedene Elemente ersetzt werden darf. In dieser Hinsicht funktioniert die Prozedur PASST? jedoch nur bei Listen bis zu zwei Elementen.

```
PR ENTHALTEN? :T :L
 WENN :L = [] DANN RÜCKGABE "FALSCH
 WENN :T = (ER :L) DANN RÜCKGABE "WAHR
 WENN NICHT? LISTE? ER ER :L DANN RG ENTHALTEN? :T (OE :L)
 PRÜFE PASST? :T (ER ER :L)
 WENNWAHR WENN STIMMT? ERS.VAR (ER ER :L) :T (LZ ER :L) ...
            ... DANN RÜCKGABE "WAHR
 RÜCKGABE ENTHALTEN? :T (OE :L)
ENDE

PR PASST? :T :TR
 WENN :T = :TR DANN RÜCKGABE "WAHR
 WENN NICHT? (LÄNGE :T) = (LÄNGE :TR) DANN RÜCKGABE "FALSCH
 WENN (LÄNGE :T) = 1 DANN RÜCKGABE VAR? ER :TR
 WENN (ALLE? (LÄNGE :T) = 2 ...
          ... (VAR? ER :TR) ...
          ... (VAR? LZ :TR) ...
          ... (ER :TR) = (LZ :TR))...
  ... DANN RÜCKGABE (ER :T) = (LZ :T)
 WENN (EINES? (VAR? ER :TR) ...
           ... (ER :T) = (ER :TR)) ...
  ... DANN RÜCKGABE PASST? (OE :T) (OE :TR)
 RÜCKGABE "FALSCH
ENDE

PR VAR? :V
 WENN NICHT? EL? (ER :V) [X Y Z] DANN RG "FALSCH
 RG EINES? (OE :V) = " (ZAHL? OE :V)
ENDE
```

Die Möglichkeiten des Arbeitens mit Regeln lassen sich gut am Beispiel von Verwandtschaftsbeziehungen demonstrieren. Die Beziehungen, die wir zunächst zugrundelegen, wollen wir in einem semantischen Netz veranschaulichen:

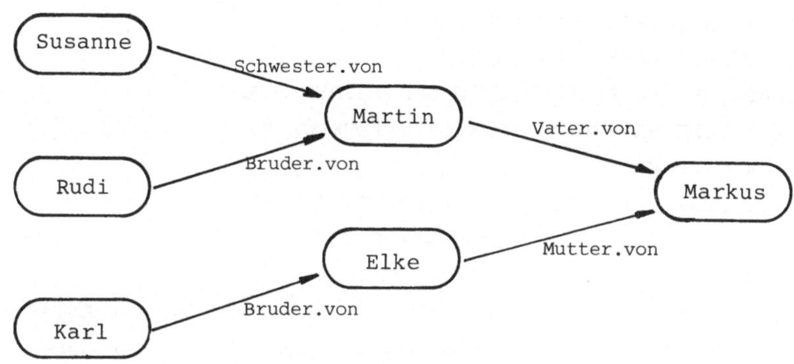


```
? INIT
? EIN
! SUSANNE SCHWESTER.VON MARTIN
! RUDI BRUDER.VON MARTIN
! MARTIN VATER.VON MARKUS
! ELKE MUTTER.VON MARKUS
! KARL BRUDER.VON ELKE
! [X KIND.VON Y] WENN [EINES? [Y VATER.VON X] ...
                              ... [Y MUTTER.VON X]]
! [X ONKEL.VON Y] WENN ...
 ... [EX? [Z] [ALLE? [X BRUDER.VON Z] ...
                  ... [Y KIND.VON Z]]]
! AUS

? STIMMT? [EINES? [KARL BRUDER.VON MARTIN]...
               ... [MARKUS KIND.VON ELKE]]
ERGEBNIS: WAHR

? WELCHE [X] [X ONKEL.VON MARKUS]
ERGEBNIS: [[RUDI] [KARL]]
```

Auch rekursive Definitionen sind möglich, wie das folgende Beispiel zeigt:

```
? INIT
? EIN
! KARL.DER.GROSSE VATER.VON LUDWIG.DER.FROMME
! LUDWIG.DER.FROMME VATER.VON LOTHAR.I
! LUDWIG.DER.FROMME VATER.VON LUDWIG.DER.DEUTSCHE
! LUDWIG.DER.FROMME VATER.VON KARL.DER.KAHLE
! LOTHAR.I VATER.VON LOTHAR.II
! LOTHAR.I VATER.VON LUDWIG.II
! KARL.DER.KAHLE VATER.VON LUDWIG.DER.STAMMLER
! [ X VORFAHR.VON Y] WENN [X VATER.VON Y]
! [ X VORFAHR.VON Y] WENN ...
 .... [EX? [Z] [ALLE? [X VATER.VON Z] ...
                 ... [Z VORFAHR.VON Y]]]
! AUS
```

Die Datenbasis enthält neben der rekursiven Definition der Relation VORFAHR.VON Teile des Stammbaumes der Karolinger. Der besseren Übersicht wegen sei dieser Stammbaum auch grafisch dargestellt:

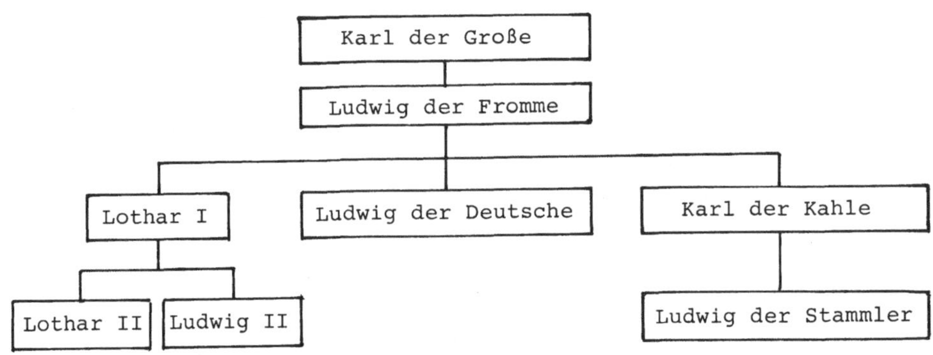


```
? STIMMT? [LUDWIG.DER.FROMME VATER.VON LUDWIG.II]
ERGEBNIS: FALSCH

? STIMMT? [KARL.DER.GROSSE VORFAHR.VON KARL.DER.KAHLE]
ERGEBNIS: WAHR

? STIMMT? [LUDWIG.II VORFAHR.VON LUDWIG.DER.STAMMLER]
ERGEBNIS: FALSCH

? WELCHE [X] [LOTHAR.I VATER.VON X]
ERGEBNIS: [[LOTHAR.II] [LUDWIG.II]]

? WELCHE [X] [X VORFAHR.VON LOTHAR.I]
ERGEBNIS: [[KARL.DER.GROSSE] [LUDWIG.DER.FROMME]]
```

Die Beispiele mit der rekursiven Relation VORFAHR.VON benötigen - insbesondere in Verbindung mit WELCHE - sehr lange Laufzeiten. Hier zeigen sich die Grenzen unserer Modellumgebung zum logischen oder relationalen Programmieren. "Echte" Prolog-Systeme (z.B. micro-Prolog, LPA 1983) sind natürlich wesentlich effizienter und bieten darüberhinaus auch Möglichkeiten zur Verarbeitung von Zahlen und Listen. Die Additionsaufgabe 15 + 7 könnte man in relationaler Darstellung z.B. so formulieren:

```
WELCHE [X] [SUM 15 7 X]
```

SUM wird dabei als dreistellige Relation verstanden, die nicht explizit durch eine Liste definiert, sondern durch eine Prozedur ausgewertet wird. Die Formulierung einer einfachen Additionsaufgabe mag dadurch kompliziert aussehen; beim Lösen von Gleichungen zeigen sich jedoch klare Vorteile der relationalen Darstellung. So ließen sich Lösungen $x,y \in \mathbb{N}$ für die Aussageform

$$x < y \wedge x + y = 10$$

etwa durch folgende Abfrage ermitteln:

```
WELCHE [X Y] [ALLE? [X NAT] [Y NAT] ...
              ... [X KLEINER Y] ...
              ... [SUM X Y 10]]
```

Der Leser mag sich selbst überlegen, wie man die Modellumgebung um solche Sprachelemente erweitern könnte. Der Versuch, mit einem Logo-System für Microcomputer eine vollständige Prolog-Umgebung aufzubauen, ist jedoch unter Anwendungsgesichtspunkten nicht sinnvoll. Wir wollten in diesem Abschnitt lediglich Grundstrukturen des logischen Programmierens aufzeigen und auf diese Weise die Bedeutung von Sprachen wie Prolog für den Aufbau wissensbasierter Systeme veranschaulichen.

8 Grundwörter von Logo

Es gibt nicht nur in der früheren Entwicklung von Logo eine ganze Reihe von Versionen, die sich in einiger Hinsicht unterscheiden, auch die derzeit auf dem Markt verfügbaren Logo-Systeme für Mikrorechner weisen Unterschiede auf.
In der folgenden Zusammenstellung gehen wir von der am MIT erstellten Logo-Version für appleII in der deutschen Fassung des IWT-Logo (IWT 1983) aus und ergänzen sie durch Grundwörter, die in anderen Logo-Systemen vorhanden , oder die von den Problemen her als grundlegend zu betrachten sind. Zum Teil stimmen diese Grundwörter mit den entsprechenden reichhaltigeren deutschsprachigen Logo-Versionen überein, die derzeit für den Commodore 64, den IBM-PC und andere Rechner in Vorbereitung sind.
Bei einer erweiterbaren Sprache wie Logo ist das Fehlen von problemspezifischen Grundwörtern unwesentlich, da man sie als Prozeduren definieren und in einer Datei bereithalten kann.
In diesem Sinne könnten wir auch die in 8.5 zusammengestellten nützlichen Prozeduren als weitere Grundwörter verstehen.
Noch ein Wort zur syntaktischen Gestaltung der Entscheidungen: Wir benutzen die Syntax des MIT Logo, bei der keine eckigen Klammern (wie bei vielen anderen Versionen) für die Konsequenzen der Entscheidung notwendig sind; wir fügen sogar immer DANN ein, obwohl es wegfallen könnte. Unsere Vorstellung dabei ist, daß die Entscheidung für Logo gegenüber LISP vor allem durch seine Benutzerfreundlichkeit und einfachere syntaktische Gestalt begründet ist. In einem Stadium, wo der Benutzer das syntaktische "Zukkerwerk" von Logo als Behinderung empfindet, sei ihm der Übergang zu LISP empfohlen.

8.1 Grundwörter für Grafik

Die einzelnen Logo-Versionen unterscheiden sich bei den Sprachelementen zur Igelgrafik im wesentlichen nur darin, ob die Grundwörter, die die absolute Lage berücksichtigen, die Angabe der Einzelkoordinaten (AUFXY, RICHTUNG, XKO, YKO) oder die Angabe eines Koordinatenpaares (AUF, PEILE, ORT) verlangen. Zu den ersteren gehören die vom MIT-Logo abhängigen Versionen für appleII

(IWT-Logo) und Commodore 64, zu den letzteren gehören die von Logo Computer Systems Inc. beeinflußten Versionen für appleII (apple Logo) und IBM-PC (Dr. Logo, IBM-Logo).
Im folgenden werden Ersatzprozeduren für die Sprachelemente mit Koordinatenpaareingabe gegeben, da diese in Kapitel 1 benötigt werden.

AUF SETPOS

Auf Eingabe eines Paars (zweielementige Liste) von Zahlen bewegt sich der Igel auf den Punkt mit den entsprechenden Koordinaten.
Ersatzprozedur:

```
PR AUF :$P
 AUFXY (ERSTES :$P) (LETZTES :$P)
ENDE
```

AUFKURS (AK) SETHEADING (SETH)

Auf Eingabe einer Zahl, die als Winkelangabe im Gradmaß gedeutet wird, nimmt der Igel diesen Kurs an. Der Winkel wird von der positiven y-Achse ("Nord") aus mathematisch negativ (im Uhrzeigersinn) abgetragen (vgl. KURS).

AUFXY SETXY

Auf Eingabe zweier Zahlen, die als x- und y-Koordinate eines Punktes gedeutet werden, bewegt sich der Igel auf diesen Punkt (vgl. AUF)

ENTFERNUNG

Auf Eingabe eines Punktes wird die Entfernung dieses Punktes vom augenblicklichen Igelort zurückgegeben.
Ersatzprozedur:

```
PR ENTFERNUNG :$P
 RG QW (XKO - ER :$P)*(XKO - ER :$P) ...
   ... + (YKO - LZ :$P)*(YKO - LZ :$P)
ENDE
```

KURS HEADING

Die Abfrage KURS verlangt keine Eingabe und gibt die augenblickliche Nasenrichtung des Igels als Winkel zwischen 0° und 360° zurück. Dabei wird der Winkel bezüglich der positiven y-Achse (gegen "Norden")mathematisch negativ bestimmt (vgl. AUFKURS).

LINKS (LI) LEFT (LT)

Auf Eingabe einer Zahl, die als Winkel im Gradmaß gedeutet wird, dreht sich der Igel relativ zu seinem augenblicklichen Kurs um diesem Winkel nach links.

ORT POS

Die Abfrage ORT verlangt keine Eingabe und gibt den Punkt, an dem sich der Igel augenblicklich befindet, als Koordinatenpaar (zweielementige Liste von Zahlen) zurück.

Ersatzprozedur:

```
PR ORT
 RG LISTE XKO YKO
ENDE
```

PEILE TOWARDS

Auf Eingabe eines Paars von Zahlen, die als Koordinaten eines Punktes gedeutet werden, gibt die Prozedur (unabhängig vom augenblicklichen Kurs des Igels) den Winkel zwischen 0° und 360° zurück, unter dem der Punkt vom Igel aus erscheint (gemessen gegen positive y-Achse, "Norden", mathematisch negativ, d.h. im Uhrzeigersinn).

Ersatzprozedur:

```
PR PEILE :$P
 RG RICHTUNG ER :$P LZ :$P
ENDE
```

RECHTS (RE) RIGHT (RT)

Auf Eingabe einer Zahl, die als Winkel im Gradmaß gedeutet wird, dreht sich der Igel relativ zu seinem augenblicklichen Kurs um diesen Winkel nach rechts.

RICHTUNG (RI) TOWARDS

Auf Eingabe zweier Zahlen, die als Koordinaten gedeutet werden, gibt die Prozedur (unabhängig von augenblicklichen Kurs des Igels) den Winkel zwischen 0° und 360° zurück, unter dem der Punkt vom Igelort aus erscheint (gemessen gegen positive y-Achse, "Norden", mathematisch negativ, d.h. im Uhrzeigersinn).

RÜCKWÄRTS (RW) BACK (BK)
Auf Eingabe einer Zahl bewegt sich der Igel die entsprechende Anzahl von Schritten mit der Nase auf dem augenblicklichen Kurs rückwärts.

STIFTAB (SA) PENDOWN (PD)
Die Prozedur verlangt keine Eingabe und bewirkt, daß der Igel bis zum nächsten STIFTHOCH-Befehl seine Spur zeichnet.

STIFTHOCH (SH) PENUP (PU)
Die Prozedur verlangt keine Eingabe und bewirkt, daß der Igel bis zum nächsten STIFTAB-Befehl keine Spur zeichnet.

VORWÄRTS (VW) FORWARD (FD)
Auf Eingabe einer Zahl bewegt sich der Igel die entsprechende Anzahl von Schritten mit der Nase auf dem augenblicklichen Kurs vorwärts.

XKO XCOR
Die Abfrage XKO verlangt keine Eingabe und gibt die x-Koordinate des Punktes zurück, an dem sich der Igel augenblicklich befindet.

YKO YCOR
Die Abfrage YKO verlangt keine Eingabe und gibt die y-Koordinate des Punktes zurück, an dem sich der Igel augenblicklich befindet.

8.2 Grundwörter für Zahlen

Neben einer wechselnden Anzahl von eingebauten elementaren Funktionen, von denen hier nur einige aufgeführt sind, lassen alle neueren Logo-Versionen algebraische Verknüpfungen und Relationen in Infix-Schreibweise zu (+ - * / < > =). Die von Logo Computers Systems Inc. beeinflußten Versionen besitzen auch die algebraischen Operationen in Funktionsschreibweise (SUMME DIFF PROD QUOT); dafür werden für die anderen Versionen Ersatzdarstellungen angegeben.

ABS ABS

Auf Eingabe einer Zahl wird der Betrag der Zahl zurückgegeben.

Ersatzprozedur:

```
PR ABS :$X
 WENN :$X < 0 DANN RG (-:$X) SONST RG :$X
ENDE
```

COS COS

Auf Eingabe einer Zahl, die als Winkel im Gradmaß gedeutet wird, wird der Cosinus dieses Winkels zurückgegeben.

DIFF DIFFERENCE

Auf Eingabe zweier Zahlen wird die Differenz erste minus zweite Zahl zurückgegeben.

Ersatzprozedur:

```
PR DIFF :$X1 :$X2
 RG :$X1 - :$X2
ENDE
```

DIV QUOTIENT

Auf Eingabe zweier Zahlen, die auf die nächsten ganzen Zahlen gerundet werden, wird der Ganzzahlquotient der ersten durch die zweite Zahl zurückgegeben.

INT INT

Auf Eingabe einer Zahl wird eine ganze Zahl zurückgegeben, indem der Dezimalbruchanteil der eingegebenen Zahl - falls einer vorhanden ist - gestrichen wird.

PROD PRODUCT

Auf Eingabe zweier Zahlen wird das Produkt der beiden Zahlen zurückgegeben.

Ersatzprozedur:

```
PR PROD :$X1 :$X2
 RG :$X1 * :$X2
ENDE
```

QUOT DIV

Auf Eingabe zweier Zahlen wird der Quotient erste durch zweite Zahl zahl zurückgegeben.

Ersatzprozedur:

```
PR QUOT :$X1 :$X2
 RG :$X1 / :$X2
ENDE
```

QW SQRT

Auf Eingabe einer positiven Zahl wird deren Quadratwurzelwert zurückgegeben.

REST REMAINDER

Auf Eingabe zweier Zahlen, die auf die nächsten ganzen Zahlen gerundet werden, wird der Rest bei Division der ersten durch die zweite Zahl zurückgegeben.

RUNDE ROUND

Auf Eingabe einer Zahl wird die gerundete Zahl zurückgegeben.

SIN SIN

Auf Eingabe einer Zahl, die als Winkel im Gradmaß gedeutet wird, wird der Sinus dieses Winkels zurückgegeben.

SUMME SUM

Auf Eingabe zweier Zahlen wird die Summe der Zahlen zurückgegeben.
Ersatz:

```
PR SUMME :$X1 :$X2
 RG :$X1 + :$X2
ENDE
```

ZAHL? NUMBER?, NUMBERP

Auf Eingabe eines Objekts wird WAHR zurückgegeben, wenn es sich um eine richtig gebaute Zahl handelt, sonst FALSCH.

ZUFALLSZAHL (ZZ) RANDOM

Auf Eingabe einer Zahl n wird eine Zufallszahl Z aus dem Bereich $0 \leq z < n$ zurückgegeben.

8.3 Grundwörter für Wörter und Listen

Ein Wort ist eine Folge von Zeichen (außer Leerzeichen und eckigen Klammern). Wird ein Wort explizit als Konstante angegeben und geschieht dies nicht in einer Liste, so verhindert " die Interpretation des Wortes als Prozedur. Jede Zahl wird auch ohne " als Wort behandelt.
Eine Liste ist eine geordnete Folge von Wörtern und Listen. Bei expliziter Angabe beginnt eine Liste mit [und endet mit]; das Leerzeichen ist Trenner zwischen Listenelementen.
Die leere Liste wird durch [], das leere Wort durch " dargestellt, (vgl. LEER?).
Die neueren Logo-Versionen unterscheiden sich in den Sprachelementen zu Wörtern und Listen nicht. Einige enthalten zusätzliche Grundwörter (vgl. ELEMENT, ELEMENT?, LÄNGE, LEER?, POS, PROZEDUR?).

DEF DEFINE

Auf Eingabe eines Wortes und einer Liste von Listen definiert die Prozedur unter einem Namen (erste Eingabe) eine Prozedur, die das erste Listenelement als Argumentliste und die übrigen als Zeilen enthält.

```
DEF "STUFE [[:X] [VW :X RE 90] [VW :X LI 90]]
```

erzeugt zum Beispiel

```
PR STUFE :X
 VW :X RE 90
 VW :X LI 90
ENDE
```

(Vgl. PRLISTE, PROZEDUR?)

ELEMENT (EL) ITEM

Auf Eingabe einer Zahl $N und einer Liste oder eines Worts wird das $N-te Element der Liste oder des Worts zurückgegeben.
(Häufig ist ELEMENT auf Listen beschränkt.)

```
PR EL :$N :$L
 WENN :$N = 1 DANN RG ER :$L
 RG EL (:$N-1) (OE :$L)
ENDE

PR ELEMENT :$N :$L
 RG EL :$N :$L
ENDE
```

Für :N > LÄNGE :$L ergibt sich eine Fehlermeldung.

ELEMENT? (EL?) MEMBER?, MEMBERP

Die Prozedur verlangt zwei Eingaben; sie gibt WAHR zurück, wenn die zweite Eingabe ein Wort und die erste Eingabe Zeichen dieses Wortes ist, oder wenn die zweite Eingabe eine Liste und die erste Eingabe Listenelement davon ist, sonst FALSCH. (Häufig ist ELEMENT? auf Listen beschränkt.)

```
PR EL? :$X :$L
 WENN LEER? :$L DANN RG "FALSCH
 PRÜFE :$X = ERSTES :$L
 WENNWAHR RG "WAHR
 WENNFALSCH RG EL? :$X OE :$L
ENDE

PR ELEMENT? :$X :$L
 RG EL? :$X :$L
ENDE
```

(Vgl. auch 2.1)

ERSTES (ER) FIRST

Auf Eingabe eines Worts oder einer Liste wird das erste Element zurückgegeben, falls Wort oder Liste nicht leer sind (Fehlermeldung).

LÄNGE COUNT

Die Prozedur hat ein Wort oder eine Liste als Eingabe; sie gibt die Anzahl der Elemente des Worts oder der Liste zurück.

Ersatzprozedur:

```
PR LÄNGE :$L
 WENN LEER? :$L DANN RG 0
 RG 1 + LÄNGE OE :$L
ENDE
```

LEER? EMPTYP, EMPTY?

LEER? hat eine Eingabe und gibt WAHR zurück, wenn die Eingabe das leere Wort oder die leere Liste ist, sonst FALSCH.

ERSATZPROZEDUR:

```
PR LEER? :$X
 RG EINES? (:$X=" ) (:$X=[])
ENDE
```

LETZTES (LZ) LAST

Auf Eingabe eines Worts oder einer Liste wird das letzte Element zurückgegeben, falls Wort oder Liste nicht leer sind (Fehlermeldung).

LISTE LIST

Auf Eingabe einer variablen Anzahl von Objekten wird die Liste aus diesen Objekten in dieser Reihenfolge gebildet. LISTE und alle zugehörigen Eingaben sind dabei in ein Paar von runden Klammern einzuschließen. Bei zwei Eingaben kann das Klammernpaar entfallen.

```
? (LISTE 1 "ADAM [27])
ERGEBNIS: [1 ADAM [27]]

? (LISTE 5)
ERGEBNIS: [5]

? (LISTE)
ERGEBNIS: []

? LISTE "RIA 97
ERGEBNIS: [RIA 97]
```

LISTE? LIST?, LISTP

Auf Eingabe eines Objekts wird WAHR zurückgegeben, wenn es sich um eine Liste handelt, sonst FALSCH.

MITERSTEM (ME) FPUT

Auf Eingabe eines beliebigen Objekts und einer Liste wird eine Liste zurückgegeben, die durch Einfügen des Objekts als erstes Element aus der eingegebenen Liste entsteht.

```
? MITERSTEM "A [1 2 3 4 5]
ERGEBNIS: [A 1 2 3 4 5]

? MITERSTEM [1 2] [3 4  [5 6]]
ERGEBNIS: [[1 2] 3 4 [5 6]]
```

MITLETZTEM (ML) LPUT

Auf Eingabe eines beliebigen Objekts und einer Liste wird eine Liste zurückgegeben, die durch Einfügen des Objekts als letztes Element aus der eingegebenen Liste entsteht.

```
? MITLETZTEM "A [1 2 3 4 5]
ERGEBNIS: [1 2 3 4 5 A]

? MITLETZTEM [1 2] [3 4 [5 6]]
ERGEBNIS: [3 4 [5 6] [1 2]]
```

OHNEERSTES (OE) BUTFIRST (BF)

Auf Eingabe eines Worts oder einer Liste wird das um das erste Zeichen verkürzte Wort bzw. die um das erste Element verkürzte Liste zurückgegeben.

```
? OHNEERSTES "MAULWURF
ERGEBNIS: AULWURF
```

```
OHNEERSTES 123
ERGEBNIS: 23

? OHNEERSTES [[1 2] 3 4 [5 6]]
ERGEBNIS: [3 4 [5 6]]
```

OHNELETZTES (OL) BUTLAST (BL)

Auf Eingabe eines Worts oder einer Liste wird das um das letzte Zeichen verkürzte Wort bzw. die um das letzte Element verkürzte Liste zurückgegeben.

```
? OHNELETZTES "MAULWURF
ERGEBNIS: "MAULWUR

? OHNELETZTES 123
ERGEBNIS: 12

? OHNELETZTES [[1 2] 3 4 [5 6]]
ERGEBNIS: [[1 2] 3 4]
```

POS

Auf Eingabe eines Objekts und einer Liste wird die Position des Objekts in der Liste zurückgegeben; dabei ist vorausgesetzt, daß es in der Liste enthalten ist.

```
PR POS :$X :$L
 WENN :$L = [] DANN DZ [FEHLER] AUSSTIEG
 PRÜFE :$X = ER :$L
 WENNWAHR RG 1
 WENNFALSCH RG 1 + POS :$X OE :$L
ENDE
```

PRLISTE TEXT

Auf Eingabe eines Prozedurnamens (als Wort) wird die Definition der Prozedur in Listenform zurückgegeben (vgl. DEF, PROZEDUR?).

PROZEDUR? (PR?) DEFINEP

Auf Eingabe eines Worts wird WAHR zurückgegeben, falls eine Prozedur mit diesem Namen in der Programmierumgebung vorhanden ist, sonst FALSCH.

Ersatzprozedur:

```
PR PR? :$X
 WENN LISTE? :$X DANN RG "FALSCH
 WENN ZAHL? :$X DANN RG "FALSCH
 RG ALLE? (LISTE? PRLISTE :$X) ...
      ... (NICHT? (PRLISTE :$X) = [])
ENDE

PR PROZEDUR? :$X
 RG PR? :$X
ENDE
```

SATZ SENTENCE (SE)

Auf Eingabe einer variablen Anzahl von Objekten wird eine Liste gebildet, wobei

- bei Eingabe eines Worts dieses Wort,
- bei Eingabe einer Liste die Elemente der Liste in der gegebenen Reihenfolge genommen werden.

SATZ und alle zugehörigen Eingaben sind dabei in ein Paar von runden Klammern einzuschließen. Bei zwei Eingaben kann das Klammernpaar entfallen (vgl. Unterschied zu LISTE).

```
? (SATZ [HANS IM GLÜCK] "IST "ZUFRIEDEN )
ERGEBNIS: [HANS IM GLÜCK IST ZUFRIEDEN]

? (SATZ) = []
ERGEBNIS: WAHR

? SATZ [[1 [2]] 5] 123
ERGEBNIS: [[1 [2]] 5 123]
```

WORT WORD

Auf Eingabe einer variablen Anzahl von Wörtern wird ein Gesamtwort durch Aneinanderfügen gebildet. WORT und alle zugehörigen Eingaben sind dabei in ein Paar von runden Klammern einzuschließen. Bei zwei Eingaben kann das Klammernpaar entfallen.

```
? (WORT 7 "MEILEN "STIEFEL)
ERGEBNIS: 7MEILENSTIEFEL

? (WORT) = "
ERGEBNIS: WAHR

? WORT "HAUS "TUER
ERGEBNIS: HAUSTUER
```

WORT? WORD?, WORDP

Auf Eingabe eines Objekts wird WAHR zurückgegeben, wenn es sich um ein Wort handelt (einschließlich Zahlen), sonst FALSCH.

8.4 Grundwörter für Prozedurkontrolle

In der syntaktischen Gestaltung der Entscheidungen gibt es die größten Unterschiede zwischen neueren Logo-Versionen. Dies gilt sowohl für die einzeilige Form mit WENN (DANN, SONST) als auch für die mehrzeilige Form mit PRÜFE, WENNWAHR, WENNFALSCH.

Die von Logo Computer Systems Inc. beeinflußten Versionen verlangen, daß die Konsequenzen der Entscheidung jeweils als Liste von

Befehlen (also eingeschlossen in eckige Klammern) angegeben werden. Die vom MIT-Logo beeinflußten Versionen verlangen dies nicht. Die Reihenfolge der Verarbeitung komplexerer Entscheidungen wird dann nicht durch die verschachtelten Listen von Befehlsfolgen dargestellt, sondern muß durch Kenntnis der Verarbeitungsregeln bestimmt werden.
Als positive Konsequenz ist zu beachten, daß man sich bemühen muß, die Komplexität von Entscheidungen klein zu halten, indem man auf die mehrzeilige Form übergeht oder Unterprozeduren für Entscheidungen schreibt.

ALLE? ALLOF, AND, BOTH

Auf Eingabe einer variablen Anzahl logischer Bedingungen wird WAHR zurückgegeben, wenn alle Bedingungen WAHR sind, sonst FALSCH. ALLE? und die zugehörigen Eingaben sind dabei in ein Paar runder Klammern einzuschließen. Bei zwei Eingaben kann das Klammernpaar entfallen.

```
? (ALLE? (2 = 1 + 1)(3 < 5) ZAHL? 7)
ERGEBNIS: WAHR

? ALLE? WORT? "HAUS "AUS = "HAUS
ERGEBNIS: FALSCH
```

AUSSTIEG TOPLEVEL

Die Prozedur verlangt keine Eingabe und bricht die Ausführung sämtlicher zur Zeit aktiven Prozeduren ab. Die Kontrolle geht auf Befehlsebene über (vgl. RÜCKKEHR).

BLINKER CURSOR, SETCURSOR

Auf Eingabe zweier Zahlen, die als Stelle (in einer Zeile) und als Zeile gedeutet werden, springt der Blinker auf diese Stelle.

DANN THEN

DANN kann immer entfallen; es dient nur zur übersichtlicheren Gestaltung von Entscheidungen; vgl. WENN.
Ersatzprozedur für Logo-Versionen mit Befehlslisten:

```
PR DANN :$
 RG :$
ENDE
```

DRUCKE (DR) PRINT1, TYPE

Auf Eingabe einer variablen Anzahl von Objekten werden diese mit einer Lücke getrennt und ohne Zeilenwechsel am Ende ausgegeben. DRUCKE und die zugehörigen Eingaben sind in ein Paar runde Klammern einzuschließen. Bei einer einzigen Eingabe können diese Klammern entfallen.

DRUCKEZEILE (DZ) PRINT (PR)

Auf Eingabe einer variablen Anzahl von Objekten werden diese mit einer Lücke getrennt und mit Zeilenwechsel am Ende ausgegeben. DRUCKEZEILE und die zugehörigen Eingaben sind in ein Paar runde Klammern einzuschließen. Bei einer einzigen Eingabe können die Klammern entfallen.

EINES? ANYOF, OR, EITHER

Auf Eingabe einer variablen Anzahl logischer Bedingungen wird WAHR zurückgegeben, wenn mindestens eine Bedingung WAHR ist, sonst FALSCH. EINES? und die zugehörigen Eingaben sind in ein Paar runde Klammern einzuschließen. Bei zwei Eingaben kann das Klammernpaar entfallen.

```
? EINES? WORT? "HAUS "AUS = "HAUS
ERGEBNIS: WAHR

? (EINES? (2 > 3)(NICHT? 2 = 2)(4 = 2 + 3))
ERGEBNIS: FALSCH
```

ENDE END

Das Grundwort schließt im Editor eine Prozedur ab. ENDE zählt nicht zum Prozedurtext, tritt also auch nicht in PRLISTE auf.

LIESLISTE (LL) READLIST, REQUEST

Die Prozedur verlangt keine Eingabe; sie veranlaßt den Rechner anzuhalten und eine Zeile (abgeschlossen mit RETURN) vom Benutzer anzunehmen, die als Liste zurückgegeben wird.
In der ersten Version von IWT-Logo wird EINGABE (EG) verwendet.

```
PR LIESLISTE
 RG EINGABE
ENDE

PR LL
 RG EG
ENDE
```

LIESTASTE (LT) READCHARACTER (RC)

Die Prozedur verlangt keine Eingabe; sie veranlaßt den Rechner anzuhalten und einen Tastendruck vom Benutzer anzunehmen, der als Zeichen zurückgegeben wird.

In der ersten Version von IWT-Logo wird TASTE verwendet:

```
PR LIESTASTE
 RG TASTE
ENDE

PR LT
 RG TASTE
ENDE
```

LÖSCHESCHIRM (LS) NODRAW, CLEARTEXT

Der Befehl verlangt keine Eingabe und löscht den Textbildschirm.

LOKAL LOCAL

LOKAL verlangt ein Wort (Variablenname) als Eingabe und bewirkt, daß diese Variable als lokal in der Prozedur behandelt wird.

Für Versionen, die LOKAL nicht besitzen, empfehlen wir folgendes Vorgehen:

1. Der Befehl wird als Kommentar stehen gelassen:

   ```
   ; LOKAL "X
   ```

2. Tritt die Variable X nur vor dem Aufruf weiterer Prozeduren auf, so kann man sie durch eine globale Variable simulieren. Dabei empfiehlt es sich, Unterscheidungsmerkmale einzuführen, um Konflikte in der globalen Bibliothek zu vermeiden.
   Z. B. X ersetzen durch X#1 in der ersten, X#2 in der zweiten Prozedur usw..

3. Tritt die Variable X auch nach einem Aufruf weiterer Prozeduren auf, dann muß man die Lokalität durch Aufnahme in die Parameterliste simulieren:

   ```
   PR BEISPIEL <Parameter>
    LOKAL "X
    <Prozedurtext>
   ENDE
   ```

wird transformiert in

```
PR BEISPIEL <Parameter>
 <ev. RÜCKGABE> BEISPIEL# <Parameter> []
ENDE

PR BEISPIEL# <Parameter> :X
 <Prozedurtext>
ENDE
```

NAME? THING?, NAMEP

Auf Eingabe eines Worts wird WAHR zurückgegeben, wenn das Wort Name einer Variablen ist.

NICHT? NOT

Die logische Abfrage verlangt eine Eingabe; auf WAHR wird FALSCH, auf FALSCH wird WAHR zurückgegeben.
In der ersten Version von IWT-Logo wird NICHT verwendet:

```
PR NICHT? :$X
 RG NICHT :$X
ENDE
```

PR TO

Beginn der Kopfzeile einer Prozedur, es folgt der Prozedurname und eventuell Eingabeparameter. PR ist zugleich ein Befehl zum Umschalten in den Editor (Synonym LERNE).

PRÜFE TEST

Das Grundwort benötigt einen logischen Ausdruck und setzt einen Wahrheitswert WAHR oder FALSCH, der lokal in einer Prozedur ist. Mit WENNWAHR und WENNFALSCH kann der dynamisch letzte Wahrheitswert eines PRÜFE für Entscheidungen nutzbar gemacht werden (vgl. WENNWAHR, WENNFALSCH).

RÜCKGABE (RG) OUTPUT (OP)

Auf Eingabe eines Objekts wird die Ausführung der Prozedur gestoppt, und das Objekt als Wert der Prozedur an die rufende Prozedur (gegebenenfalls die Befehlsebene) zurückgegeben.

RÜCKKEHR (RK) STOP

Das Grundwort verlangt keine Eingabe; es stoppt die Ausführung der Prozedur und gibt die Kontrolle an die aufrufende Prozedur (gegebenenfalls Befehlsebene) zurück.

SETZE MAKE

Auf Eingabe eines Worts (als Variablenname) und eines Objekts wird das Objekt dem Variablennamen zugewiesen (vgl. WERT).

SONST ELSE

vgl. WENN

Ersatzprozedur für Versionen mit Befehlslisten

```
PR SONST :$
 RG :$
ENDE
```

TUE RUN

TUE verlangt eine Befehlsliste als Eingabe und evaluiert diese. Fällt dabei ein Funktionswert an, so wird dieser zurückgegeben.

WENN IF

WENN bildet zusammen mit DANN die einseitige Entscheidung

WENN <Bedingung> DANN <Befehle1>

zweiseitige Entscheidung

WENN <Bedingung> DANN <Befehle2> SONST <Befehle3>

In Logo-Versionen, die Befehlslisten verlangen, sind noch eckige Klammern einzufügen (vgl. Ersatzprozeduren für DANN und SONST):

WENN <Bedingung1> DANN [<Befehle1>]

WENN <Bedingung2> DANN [<Befehle2>] SONST [<Befehle3>]

DANN kann in jedem Fall entfallen, SONST nur in Versionen mit Befehlslisten. Wir empfehlen grundsätzlich, DANN und SONST zur Gliederung zu belassen.

WENNFALSCH (WF) IFFALSE (IFF)

vgl. PRÜFE

Die Zeile

WENNFALSCH <Befehle>

muß bei Versionen, die Befehlslisten erfordern, in

WENNFALSCH [<Befehle>]

überführt werden.

WENNWAHR (WW) IFTRUE (IFT)

vgl. PRÜFE

Die Zeile

WENNWAHR <Befehle>

muß bei Versionen, die Befehlslisten erfordern, in

WENNWAHR [<Befehle>]

überführt werden.

WERT THING

Auf Eingabe eines Worts (als Variablenname) wird der zugeordnete Wert der Variablen zurückgegeben (vgl. SETZE).
Der Doppelpunkt ist eine Standardbezeichnung für einen Spezalfall, z.B.

:OTTO bedeutet WERT "OTTO

WIEDERHOLE (WH) REPEAT

Die Prozedur verlangt eine Zahl n (die auf eine ganze Zahl gerundet wird) und eine Befehlsliste als Eingabe; die Befehlsliste wird n-mal ausgeführt.

8.5 Anhang grundlegender Prozeduren

Zu einigen im Buch angesprochenen Problemzusammenhängen werden grundlegende Prozeduren benötigt, die dort den Gedankengang gestört hätten. Sie sind hier zusammengestellt und zum Teil auch an anderen Stellen des Buchs kommentiert.

MAX

Funktion, die das größte Element einer Liste von Zahlen zurückgibt.

```
PR MAX :$L
 WENN :$L = [] DANN DZ [FEHLER] AUSSTIEG
 WENN OE :$L = [] DANN RG ER :$L
 PRÜFE ER :$L < ER OE :$L
 WENNWAHR RG MAX OE :$L
 WENNFALSCH RG MAX ME (ER :$L) (OE OE :$L)
ENDE
```

QUAD

Auf Eingabe einer Zahl wird deren Quadrat zurückgegeben.

```
PR QUAD :$X
 RG :$X * :$X
ENDE
```

STREICH

Eine Funktion, die auf Eingabe eines Objekts und einer Liste eine Liste zurückgibt, in der das Objekt bei jedem Auftreten gestrichen ist (vgl. 2.1).

```
PR STREICH :$X :$L
 WENN :$L = [] DANN RG []
 PRÜFE :$X = ER :$L
 WENNWAHR RG STREICH :$X OE :$L
 WENNFALSCH RG ME (ER :$L) STREICH :$X OE :$L
ENDE
```

STREICH1

Eine Funktion, die auf Eingabe eines Objekts und einer Liste eine Liste zurückgibt, in der das Objekt bei seinem ersten Auftreten gestrichen ist (vgl. 2.1).

```
PR STREICH1 :$X :$L
 WENN :$L = [] DANN RÜCKGABE []
 PRÜFE :$X = ER :$L
 WENNWAHR RG OE :$L
 WENNFALSCH RG ME (ER :$L) STREICH1 :$X OE :$L
ENDE
```

V.ADD

Vektoraddition zweier Vektoren (n-elementige Listen). Werden verschieden lange Listen eingegeben, ergibt sich eine Standardfehlermeldung.

```
PR V.ADD :$V1 :$V2
 WENN ALLE? (:$V1 = []) (:$V2 = []) DANN RG []
 RG ME ((ER :$V1) + (ER :$V2)) V.ADD OE :$V1 OE :$V2
ENDE
```

V.IP

Inneres Produkt zweier Vektoren (n-elementige Listen). Werden verschiedenlange Listen eingegeben, ergibt sich eine Standardfehlermeldung.

```
PR V.IP :$V1 :$V2
 WENN ALLE? (:$V1 = []) (:$V2 = []) DANN RG 0
 RG ((ER :$V1) * (ER :$V2)) + V.IP OE :$V1 OE :$V2
ENDE
```

V.SK.MULT

Multiplikation eines Vektors (n-elementige Liste) mit einem Skalar.

```
PR V.SK.MULT :$SK :$V
 WENN :$V = [] DANN RG []
 RG ME (:$SK * (ER :$V)) V.SK.MULT :$SK OE :$V
ENDE
```

WDIFF

Auf Eingabe zweier Winkel wird deren Differenz (erste minus zweite Eingabe) so ausgegeben, daß der Wert zwischen -180° und +180° liegt.

```
PR WDIFF :$A :$B
 PRÜFE (ALLE? (:$A<180) (:$B>180) (:$B-:$A>180))
 WENNWAHR RG 360 + (:$A-:$B)
 PRÜFE (ALLE? (:$A>180) (:$B<180) (:$A-:$B>180))
 WENNWAHR RG -(360 - (:$A-:$B))
 RG :$A - :$B
ENDE
```

Literatur

Abelson, H. 1983
Einführung in Logo, Vaterstetten 1983

Abelson, H. and diSessa, A. 1981
Turtle Geometry, The Computer as a Medium for Exploring Mathematics, Cambridge-London 1981

Ahrens, H. 1927
Mathematische Spielereien, Leipzig-Berlin 1927, Nachdruck: Stuttgart 1979

Backus, J. 1978
Can Programming be Liberated from the von Neumann Style?, Comm.ACM 21,8(1978)613-641

Bundy, A., Burstall,R.M., Weir,S. and Young, R.M. 1980
Artificial Intelligence: An Introductory Course, Edinburgh 1980

Cesaro, E. 1901
Vorlesungen über natürliche Geometrie, Leipzig 1901, Nachdruck: New York 1969

Dijkstra, E. 1975
Guarded Commands, Nondeterminacy and Formal Derivation of Programs, Comm.ACM 18,8(1975)453-458

Ennals, J.R. 1983
Beginning micro-Prolog, Chichester 1983

Gardener, M.
Mathematische Spielereien
Spektrum der Wissenschaft 5(1980)16-22

Hoppe, H.U. in Vorb.
Logo im Mathematikunterricht - Ein Beitrag zur Didaktik des interaktiven Programmierens mit zahlreichen Programmbeispielen, Vaterstetten, in Vorb.

IWT 1983
IWT-Logo für apple II+IIe (System, Programmbeispiele, Systemhandbuch), IWT Software Service GmbH Burscheid 1983

Kowalski, R. 1984
Logic as a Computer Language for Children
in: Yazdani (ed.) 1984, 121-144

Lawler, B. 1984
Designing Computer-based Microworlds
in: Yazdani (ed.) 1984, 40-53

Löthe, H. und Quehl, W. 1983
Natürliche Geometrie und Dynamik, Logo-Papier Nr.7, Pädagogische Hochschule Esslingen 1983

v.Mangoldt, H. und Knopp,K. 1958
Einführung in die höhere Mathematik, Bd. I - III, Stuttgart 1958

Papert, S. 1982
Mindstorms - Kinder, Computer und neues Lernen, Basel-Boston-Stuttgart 1982

Strubecker, K. 1964
Differentialgeometrie I, Kurventheorie der Ebene und des Raumes, Berlin 1964

Watt, D. 1983
Learning with Logo, Peterborough 1983

Wirth, N. 1975
Algorithmen und Datenstrukturen, Stuttgart 1975

Yazdani, M. (ed.) 1984
New Horizons in Educational Computing, Chichester 1984

Sachverzeichnis

Teubner Studienbücher

Informatik

Berstel: **Transductions and Context-Free Languages**
278 Seiten. DM 38,– (LAMM)

Beth: **Verfahren der schnellen Fourier-Transformation**
316 Seiten. DM 34,– (LAMM)

Bolch/Akyildiz: **Analyse von Rechensystemen**
Analytische Methoden zur Leistungsbewertung und Leistungsvorhersage
269 Seiten. DM 29,80

Dal Cin: **Fehlertolerante Systeme**
206 Seiten. DM 24,80 (LAMM)

Ehrig et al.: **Universal Theory of Automata**
A Categorical Approach. 240 Seiten. DM 24,80

Giloi: **Principles of Continuous System Simulation**
Analog, Digital and Hybrid Simulation in a Computer Science Perspective
172 Seiten. DM 25,80 (LAMM)

Kandzia/Langmaack: **Informatik: Programmierung**
234 Seiten. DM 24,80 (LAMM)

Kupka/Wilsing: **Dialogsprachen**
168 Seiten. DM 21,80 (LAMM)

Maurer: **Datenstrukturen und Programmierverfahren**
222 Seiten. DM 26,80 (LAMM)

Oberschelp/Wille: **Mathematischer Einführungskurs für Informatiker**
Diskrete Strukturen. 236 Seiten. DM 24,80 (LAMM)

Paul: **Komplexitätstheorie**
247 Seiten. DM 26,80 (LAMM)

Richter: **Betriebssysteme**
Eine Einführung. 152 Seiten. DM 25,80 (LAMM)

Richter: **Logikkalküle**
232 Seiten. DM 24,80 (LAMM)

Schlageter/Stucky: **Datenbanksysteme: Konzepte und Modelle**
2. Aufl. 368 Seiten. DM 32,– (LAMM)

Schnorr: **Rekursive Funktionen und ihre Komplexität**
191 Seiten. DM 25,80 (LAMM)

Spaniol: **Arithmetik in Rechenanlagen**
Logik und Entwurf. 208 Seiten. DM 24,80 (LAMM)

Vollmar: **Algorithmen in Zellularautomaten**
Eine Einführung. 192 Seiten. DM 23,80 (LAMM)

Weck: **Prinzipien und Realisierung von Betriebssystemen**
299 Seiten. DM 32,– (LAMM)

Wirth: **Compilerbau**
Eine Einführung. 3. Aufl. 117 Seiten. DM 17,80 (LAMM)

Wirth: **Systematisches Programmieren**
Eine Einführung. 4. Aufl. 160 Seiten. DM 22,80 (LAMM)

Preisänderungen vorbehalten

MikroComputer-Praxis

Die Teubner Buch- und Diskettenreihe für Schule, Ausbildung, Beruf, Freizeit, Hobby

Fortsetzung

Menzel: **BASIC in 100 Beispielen**
4. Aufl. 244 Seiten. DM 24,80

Menzel: **LOGO in 100 Beispielen**
In Vorbereitung

Mittelbach: **Simulationen in BASIC**
182 Seiten. DM 23,80

Nievergelt/Ventura: **Die Gestaltung interaktiver Programme**
124 Seiten. DM 23,80

Ottmann/Schrapp/Widmayer: **PASCAL in 100 Beispielen**
258 Seiten. DM 24,80

Otto: **Analysis mit dem Computer**
In Vorbereitung

v. Puttkamer/Rissberger: **Informatik für technische Berufe**
Ein Lehr- und Arbeitsbuch zur programmierbaren Mikroelektronik
284 Seiten. DM 23,80

Weber/Wehrheim: **PASCAL-Programme im Physikunterricht**
In Vorbereitung

Die Reihe wird durch weitere Bände und Disketten fortgesetzt.

Preisänderungen vorbehalten

Hoppe - Löthe, Problemlösen und Programmieren mit Logo

ISBN 3-519-02522-1

E R R A T A

S.41,Z.12 v.o. statt: FL.PICKE
richtig: FL.PICKE2

S.41,Z.23 v.o.ff richtig:

```
WENNWAHR RG ME (ME :I ...
                    ... FL.SETZE1 :J ...
                              ... :X ...
                              ... OE ER :F) ...
                ... OHNEERSTES :F
```

S.45,Z.3 v.u. statt: ERSTES :B
richtig: ERSTES :L

S.45,Z.2 v.u. statt: OHNEERSTES :B
richtig: OHNEERSTES :L

S.66,Z.17 v.o. danach eine Zeile einfügen:

WENN :Z = 0 DANN RÜCKGABE "

S.69,Z.11 v.o. statt: SATZ :TW
richtig: SATZ WERT :TW

S.69,Z.10 v.u. statt: ERGEBNIS: AN
richtig: ERGEBNIS: ANF

S.70,Z.14 v.u. statt: VOR "T :Z
richtig: VOR "T :ZL

S.70,Z.13 v.u. statt: NACH "T :Z
richtig: NACH "T :ZL

S.79,Z.21 v.o. statt: AUF P
richtig: AUF :P

S.89,Z.14 v.o. statt: PRÜFE :OP = !
richtig: PRÜFE :OP = "!

S.90,Z.16 v.o. statt: RÜCKGABE :TERM
richtig: RÜCKGABE ER :TERM

S.92,Z.3 v.u. statt: ERGEBNIS: [3 * 2 * X + 5]
richtig: ERGEBNIS: [3 * (2 * X) + 5]

S.97,Z.3 v.u. statt: PR ID? :KANTE :K2
richtig: PR ID? :K1 :K2

S.98,Z.14 v.o. statt: SCHITT
richtig: SCHNITT

S.137,Z.17 v.o. statt: NIMM :EG
richtig: ... SONST NIMM :EG